2019—2020 同济都市建筑年度作品

YEARBOOK OF TONGJI URBAN ARCHITECTURAL DESIGN 2019—2020

同济大学建筑设计研究院（集团）有限公司都市建筑设计院

主编 吴长福　汤朔宁　谢振宇　徐甘

U0184016

同济大学 出版社
TONGJI UNIVERSITY PRESS

图书在版编目（CIP）数据

2019—2020 同济都市建筑年度作品 / 吴长福等主编
. —— 上海：同济大学出版社，2021.12

ISBN 978-7-5608-9701-1

Ⅰ . ① 2… Ⅱ . ① 吴… Ⅲ . ① 建筑设计 – 作品集 – 中
国 – 现代 Ⅳ . ① TU206

中国版本图书馆 CIP 数据核字（2021）第 251310 号

2019—2020 同济都市建筑年度作品

主编　吴长福　汤朔宁　谢振宇　徐 甘

责任编辑　荆 华　　责任校对　徐春莲　　装帧设计　朱丹天

出版发行：同济大学出版社（网址：www.tongjipress.com.cn　地址：上海市四平路 1239 号　邮编：200092　电话：021-65985622）

经　　销：全国各地新华书店

印　　刷：上海安枫印务有限公司

开　　本：889mm×1194mm 1/20

印　　张：14.5

字　　数：341 000

版　　次：2021 年 12 月第 1 版　　2021 年 12 月第 1 次印刷

书　　号：ISBN 978-7-5608-9701-1

定　　价：99.00 元

2019-2020 同济都市建筑年度作品

同济大学建筑设计研究院（集团）有限公司都市建筑设计院

主　编　吴长福　汤朔宁　谢振宇　徐　甘

编委会　（按姓氏拼音为序）

蔡永洁　常　青　陈　强　陈　易　胡　玎　黄一如　李　立

李麟学　李瑞冬　李翔宁　李振宇　卢济威　钱　锋　孙彤宇

汤朔宁　王伯伟　王红军　王　一　王志军　吴长福　伍　江

谢振宇　徐　风　徐　甘　章　明　张　鹏　赵秀恒　庄　宇

YEARBOOK OF TONGJI URBAN ARCHITECTURAL DESIGN 2019-2020

Edited by the Urban Architecture Design Institute of Tongji University Architectural Design and Research Institute （group） Co., Ltd. （TJADRI group）

Editors-in-Chief：Wu Changfu, Tang Shuoning, Xie Zhenyu, Xu Gan

Editorial Committee:

Cai Yongjie, Chang Qing, Chen Qiang, Chen Yi, Hu Ding,

Huang Yiru, Li Li, Li Linxue, Li Ruidong, Li Xiangning,

Li Zhenyu, Lu Jiwei, Qian Feng, Sun Tongyu, Tang Shuoning,

Wang Bowei, Wang Hongjun, Wang Yi, Wang Zhijun, Wu Changfu,

Wu Jiang, Xie Zhenyu, Xu Feng, Xu Gan, Zhang Ming,

Zhang Peng, Zhao Xiuheng, Zhuang Yu

前　言

　　建筑学专业教育实践平台——都市建筑设计院，是同济大学建筑与城市规划学院和同济大学建筑设计研究院（集团）有限公司在建筑设计研究领域的合作机构，是以专业教师为核心的建筑教育与创作实践平台。实践平台笃行结合实践、服务社会的专业教育基本导向，坚持产学研协同发展是卓越人才培养的根本要求，是同济建筑学一流学科建设的特色和优势所在，是"坚持扎根中国大地办教育"的时代诠释。实践平台构建的合作机制、组织机制、运行机制、交流机制，保障了卓越人才培养与学术研究、社会服务的高度融合，对国内高校相关专业开展产学研教教育实践具有示范意义，展示了同济建筑产学研协同机制的示范性。实践平台在卓越人才培养与服务社会进程中成果卓著，在国家重大建设项目和社会民生需求实践中，都留下了同济建筑师生的专业印迹，大量优秀人才与优秀作品获得学界和业界的高度赞誉，确立了同济建筑教育在国内业界的标杆性。

　　近两年来，全球性的疫情及其常态化防控，给都市建筑设计院服务社会的创作实践带来了前所未有的挑战。但作为同济设计的重要创作力量，都市建筑设计院初心不忘，永续匠心，专业品质和影响力持续呈现。两年中，收获包括亚建协、中勘协、中国建筑学会、教育部、上海市建筑学会等专业机构颁发的各类设计奖70 余项。

　　两年一册的"同济都市建筑年度作品集"，总结设计创新成果、加强学术研究积累，是都市建筑设计院一项重要的学术坚持。《2019—2020 同济都市建筑年度作品》是都市建筑设计院创建以来的第八辑，选录了 2019—2020 年完成设计项目中的 130 余项，项目涵盖文化、教育、体育、办公、商业、更新保护、城市设计、景观设计等类型，充分反映了都市建筑设计院创作团队发挥学科优势和研究专长而展现出的设计品质和创新能力。

《2019—2020 同济都市建筑年度作品》编委会

Preface

Tongji Urban Architectural Design Institute（TJUADI）, as a practicing platform for professional architectural education — is a joint institution of College of Architecture and Urban Planning and Tongji Architectural Design and Research Institute (Group) Co., Ltd. in the field of architectural design and research. TJUADI is an architectural education and creative practice platform with professional faculty members as its leading force. The practice platform adheres to the motto of professional education combining practice and social service, and insists on the coordinated development principle of "practicing–teaching–researching" as the fundamental requirement of cultivating outstanding talents. This idea is the characteristic and advantage of the construction of architecture discipline as a "first–class discipline," and the manifestation of the spirit of "Education career rooted on the land of China". The mechanism of cooperation, organization, operation and communication established by the practice platform ensures the high integration of outstanding talents training, academic research and social service, which is of exemplary significance for relevant disciplines in domestic universities implementing "practicing–teaching–researching" education model. The practicing platform has achieved remarkable outcomes in cultivating outstanding talents and serving the society. In major national construction and social welfare projects, it has left the professional imprint of Tongji Architecture faculty and students, and a large number of outstanding talents and works have been highly praised by the academia and industry. These achievements established the stand of Tongji architectural education in the domestic industry.

In the past two years, the global pandemic situation and normalized prevention policy have brought unprecedented challenges to the design practice of TJUADI in serving the society. However, as an important design force of Tongji Architecture, TJUADI never forgets its original aspiration, keeps its ingenuity and professional quality, and continues to enhance its influence. Within the past two years, it harvested more than 70 design awards issued by Architects Regional Council Asia, China Engineering and Consulting Association, the Architectural Society of China, Ministry of Education, the Architectural Society of Shanghai and other professional institutions.

A two–year volume of "Tongji Urban Architecture Annual Works Collection", summarizing innovative design achievements and academic research accumulation, exemplifies the important academic insistence of TJUADI. The *Yearbook of Tongji Urban Architecture 2019–2020* is the eighth episode since the founding of TJUADI, which selects and documents 130 plus projects completed from 2019 to 2020, covering culture, education, sports, office, business, historic preservation and renewal, urban design, landscape architecture and other types, fully reflecting the design quality and creative ability of the team of TJUADI by exerting its disciplinary advantages and research expertise.

Committee of *Yearbook of Tongji Urban Architecture 2019–2020*

目　　录
CONTENTS

隋唐大运河文化博物馆

SUITANG GRAND CANAL CULTURAL MUSEUM RENOVATION PROJECT, HENAN

　　隋唐大运河文化博物馆位于洛河和瀍河的交汇地带，地处洛河景观通廊的核心地带。总体以"运河源，隋唐韵，河洛技"为设计构思，充分展示运河文化，唤醒人们对运河文化遗产的历史记忆。

　　博物馆位于规划中的大运河遗址公园的重要滨水节点，建筑设计立足洛阳老城中心区难得的绿地空间，通过精心的形体处理，使得博物馆建筑体量由外向内逐渐递减过渡，最终融于园林空间。博物馆北侧首层布置的咖啡、文创商店等公共空间使得博物馆的公共服务空间与园林空间形成良好的互动，让博物馆成为公园的一部分。

　　博物馆的整体建筑构思取自隋唐建筑的剖面轮廓特征，转化为新建筑屋顶起伏连绵的造型意象，远看就如同唐代宫殿群的天际线。室内通过结构空间一体化的混凝土拱券形成了丰富的空间层次，暗示了"运河桥"的母题。

　　在建筑材料和建造技术方面，局部青砖的选用与公园周边的老城历史街区相呼应，设计特别选用重新烧制的唐三彩碎瓷片作为建筑顶部的装饰材料，通过对传统材料的创造性运用塑造出浓烈、雄浑的艺术空间氛围、激发人们对历史文化遗产的全新认识，并赋予文化遗产崭新的活力。

设 计 者：李立　高山　肖蕴峰　胡海宁　郝竞　申银珠　李霁原　张溯之　李飒
工程规模：建筑面积 32 986m²
设计阶段：方案设计、扩初设计、施工图设计
委托单位：洛阳市文物局

鸟瞰图

西立面透视效果图

中央大厅内景效果图

中央大厅外景效果图

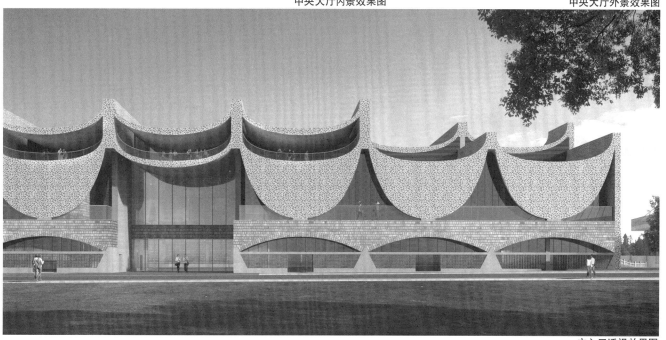

主入口透视效果图

陕西文化艺术博物院
SHAANXI CULTURE AND ART MUSEUM, SHAANXI

  陕西文化艺术博物院位于阿房宫遗址东侧，主要建设内容为文化园区，重点建设秦文化演艺馆和主力文化场馆，建筑面积130 000平方米。项目用地南侧、东侧规划为文化设施建筑用地，北侧西侧为配套设施建筑用地，两个"L"形耦合形成东西向广场。

  项目以秦文化脉络为特色，借用周朝城市特色营造秦汉廊院式民居布局，纵横参差的屋顶衬托出建筑的差异化，整个组群呈现出有主有从富于变化的轮廓。不同层次的"庭园"体系成为公共空间的核心，从下沉庭园、核心中庭、观景庭园、季节庭园到屋顶景观平台，形成立体而有节奏的空间系统。各展馆之间通过传统街巷穿插，形成空间丰富又具有强烈地域性的街巷空间。

  作为秦文化核心节点，设计融合周朝故都及其微观环境形态与尺度，在地脉与地景的层面确立其标志性。以秦汉的传统民居建筑为出发点，消减大体量的观演与展览空间，呼应自然，形成了连绵起伏、舒缓流畅的建筑形态。以"秦砖"作为项目整体设计理念符号，以屋顶绿化的形式表现秦砖纹理，展现主力场馆作为阿房宫遗址保护区展示的概念。

设 计 者：李麟学　周凯锋　刘旸　叶心成　单云翔　姜咏茜　倪润尔　董之卉　李岚
工程规模：建筑面积 130 000m^2
设计阶段：方案设计、初步设计、施工图设计
委托单位：陕西文化产业（西咸新区）投资有限公司

鸟瞰图

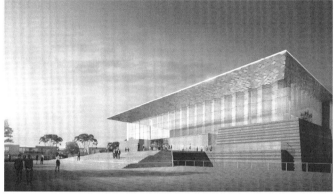

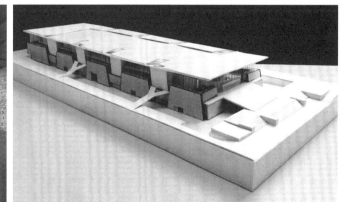

效果图

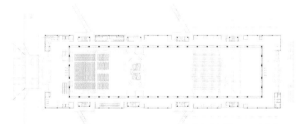

一层平面图

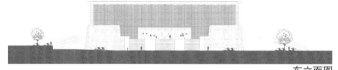

东立面图

西立面图

湾头小镇玉博物馆方案设计
ARCHITECTURAL DESIGN OF JADE MUSEUM IN WANTOU, JIANGSU

　　方案融合扬州地方传统建筑形态和现代幕墙技术,塑造"石中藏玉"意象。建筑主体由两部分组合而成,底层以商业功能为主体,采用坡屋顶形式,上层是接待大厅、展厅、办公功能,以平屋顶为主。

　　底层采用建筑传统形态,如玉石雕琢过程中的"原石",上层的纯净玻璃幕墙,宛如雕琢后的璀璨玉石,两种体量相互组合,寓意传统与未来的融合,也象征扬州对新思潮、新文化、新科技的不断追求。规划上,建筑体量布置于场地中央,周边形成环形紧急消防车道,场地车行出入口设置于规划中的运西路,场地周边所对应的道路设置人行出入口,北侧为主要人行出入口,与城市交通对接,功能流线便捷高效。

设 计 者:胡向磊
工程规模:建筑面积 11 791.51m²
设计阶段:方案设计
委托单位:扬州广陵文化旅游开发集团有限公司

鸟瞰图

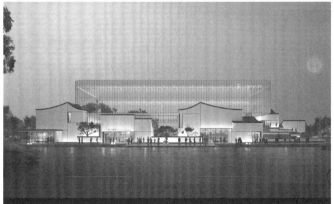

效果图

总平面图

剖面图

宜宾市翠屏区李庄文化抗战纪念馆
LIZHUANG WAR OF CULTURAL RESISTANCE MUSEUM, TAICANG

通过结构及幕墙一体化的设计方法，运用超大尺寸的高强无机预制青瓦挂件，全正向 BIM 设计，将空间，结构，材料，设备高效整合。设计旨于营造一种当代性、在地性和文化性的建筑景观，以"漂浮的飞檐、重构的瓦院、内化的古镇、流动的历史"为设计概念，体现"四手相握，文化之脊"的展示主题。

以"漂浮的飞檐"回应当代建筑的建构逻辑特征。内部利用楼梯空间布置钢框架＋支撑形成核心筒结构，为整体结构提供侧向刚度。外立面根据幕墙分割节奏设置超细结构柱，承担屋面竖向荷载。二层可见之处无柱，内部通达开阔，立面整洁清透，屋面飘然回旋，实现了建筑、结构、幕墙的高度统一与有效结合，形成整层漂浮的无柱空间。

以"重构的瓦院"回应川南民居的地域文脉特征。在不同标高的主庭院营造两组主要开放空间，展厅体块之间设置竹井导光透气。入口水院、中央竹院通到地下一层，自然采光，多种院井营造立体院落架构。将当地传统的瓦片与混凝土结合，形成独具特色的超大尺寸的高强无机预制青瓦挂件（7.2m×1.5m）。

以"内化的古镇"回应千年古镇的街巷空间特征。将街巷空间的特征抽象为民居的小体量布局，涵盖在漂浮的屋顶之下。

以"流动的历史"回应文化抗战的历史情境特征。将小体量进一步错位，形成连续流动的板块化展示流线。

设 计 者：章明　张姿　孙嘉龙　陈波　刘垄鑫　牟筱童
工程规模：总建筑面积约 10 268m²
设计阶段：方案设计、初步设计、施工图设计
委托单位：宜宾李庄文化旅游传媒发展有限责任公司

局部空间

黄昏景立面

北立面图

剖面图

展馆局部

外立面局部

长宁县竹味双河人文古镇·感恩奋进馆
GRATITUDE AND ENDEAVOUR MUSEUM, SICHUAN

　　项目位于四川省宜宾市长宁县双河镇。双河镇位于长宁县境南部，因为有东西两溪环绕古镇而得名双河。古镇距离东北侧的蜀南竹海风景名胜区仅有15公里，周边群山环绕，生态资源极其优越。且双河镇紧邻古宜高速，交通便利。基地位于地块的西侧，占地面积约1300平方米。交通便捷，北临双梅公路，东临外环城路。南面有大片湖面景观，基地被竹林环绕。感恩奋进馆主要功能为展览，反映双河历史、地震纪念及未来展望等内容。

　　本项目以"迷失"与"重生"为核心理念，转译"迷宫"与"院落"的意象。设计采用8m×8m的基础模数，沿轴线布置围合的墙体，中间布置主体展馆，以2m作为通廊和景观布置的模数。建筑与墙体的围合，使建筑内部拥有丰富的通道；展馆分散式的布局，参观动线灵活如在迷宫中寻找与探索。8m×8m的网格在局部节点进行单元拼合：部分放大成主要展厅，展厅尺度多样灵活，错落有致；部分放大为庭院，串联丰富的通道空间与展厅空间。网格墙选用当地出产的石灰岩，小块砌筑以呼应当地独特的喀斯特石林风貌景观；展厅建筑采用浅灰色雾面铝合金外墙板，以细腻的金属质感与粗放的石材隔墙形成对比；展厅外立面的大面积开窗连通室内外，将石灰岩隔墙与庭院内绿竹的影像引入室内。地域材料的选择使建筑更好地融入了环境，与现代材料结合呈现出极具自然趣味的视觉意向，同时满足作为现代展馆的功能需求。

设 计 者：蔡永洁　曹野　曹伯桢　董紫薇　古丽·玉素普阿依旦　朱惠子
工程规模：建筑面积1290m²
设计阶段：方案设计
委托单位：长宁县城市建设投资有限公司

鸟瞰图

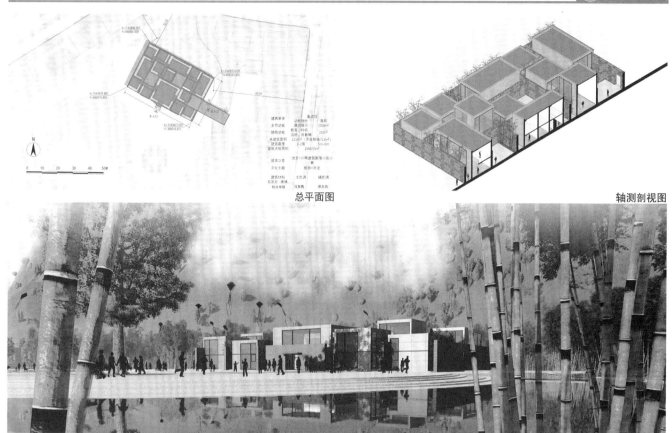

总平面图

轴测剖视图

效果图

主立面图

临沂沂蒙山世界地质公园出入口及天宇自然博物馆
GATE OF YIMENG MOUNTAIN GLOBAL GEOPARK AND TIANYU NATURAL MUSEUM, SHANDONG

　　临沂东蒙小镇位于临沂市平邑县柏林镇万寿宫以西，新台高速公路以东，蒙山观光大道以北，以陈家庄水库为核心，总体规划面积8.9平方公里，总建筑面积约为43.7万平方米。本次设计范围建筑面积约10万平方米。沂蒙山景区作为我国北方景观名胜，自古积淀了丰厚的山川历史与文化，新获"世界地质公园"的称号，成为名副其实的文化与自然"双重圣地"。

　　本次设计是东蒙小镇临南侧城市道路的第一界面，包括地质公园入口广场和天宇自然博物馆公园两个部分。入口区含停车用地约368亩，博物馆公园用地约820亩。

　　作为东蒙小镇项目启动片区，本项目是整个沂蒙景区最重要的门户与标识，肩负着衔接城市与自然、打响本地文旅品牌，以及为沂蒙山景区新建筑树立风格标杆的多重使命。门户区既是景区的门户与地标，也是开放展示的窗口，是人文、山水、历史、当代交相辉映的舞台。设计强调礼仪、秩序与内涵——是为"礼序"。

　　博物馆公园是小镇特色与实力的展示，是景区的首座亮点项目，是面向全年龄的综合游览区。强调功能的融合、运营的协调以及建筑和地域坏境要素的结合——是为"乐和"。

设 计 者：边克举　尹宏德　唐振力　汪效羽　刘佳欢
工程规模：建筑面积 103 000m²
设计阶段：方案投标
建设单位：临沂城市建设投资集团有限公司

鸟瞰图

奇石展示馆透视图

远古巨物馆透视图

全景图

蒙山数字馆透视图

青神县滨河文化公园苏母祠
SUMU TEMPLE, BINHE CULTURAL PARK, QINGSHEN COUNTY, SICHUAN

　　苏母祠项目位于四川省青神县滨河文化公园（唤鱼公园）南区的贤母湖内，是以纪念苏东坡的母亲程氏为主题、弘扬贤母文化为核心的一座漂在水中、很纯净的景观建筑。这座建筑位于整个公园最核心的位置，应该是一个主角光环非常强烈的建筑。该建筑总建筑面积3887平方米，其中苏母祠主体建筑面积1976平方米，其地上建筑面积832平方米，地下建筑面积1144平方米。水下城市人行隧道建筑面积1910平方米。本项目地上一层，地下一层，建筑消防高度为7米，建筑规划高度为10米。是公园内乃至于青神县重要的公共文化设施之一，具有一定程度的标志性意义。虽然该建筑总体量只有不到4000平方米，甚至于在落成后只能看到水面一个不到1000平方米的单层景观建筑，但为了实现该方案的空间以及景观效果，其结构形式及相关技术设计都具有一定的特殊性。

　　为了表达漂在水上的概念，建筑的幕墙结构体系、半开放的景观楼梯及坡道均尽可能地不落地。建筑的参观流线采用水下通道进入，水面浮桥离开。为了提升整个通道空间的体验感及舒适感，对相关技术节点优化设计，既满足了水下开洞空间的空旷与景观效果，同时也尽最大程度去避免各种可能发生的雨水倒灌等情况。同时在深化设计中将原幕墙镜面反射板改为不锈钢拉丝穿孔板，在满足原方案整体性的基础上，通过对穿孔率的渐变控制，增加了半开放坡道空间的光影变化，进一步丰富了整个建筑的空间体验。

设 计 者：董晓霞　支文军　马鹏超　邓玉宇
工程规模：建筑面积3 887m^2
设计阶段：方案设计、初步设计、施工图设计
方案合作设计单位：E+LAB事务所
方案设计者：胡沂佳　董晓霞　孙颖　周越辰
委托单位：青神县万远合和文化旅游开发有限责任公司

鸟瞰图

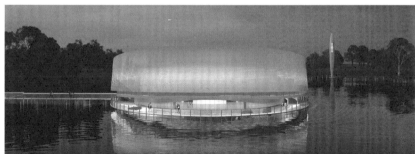

现场

西藏美术馆
TIBET ART MUSEUM，TIBET

　　西藏美术馆是以拉萨高争老水泥厂为本体的工业遗产改造更新项目，同时它也是规划中的西藏文化艺术创意创业中心的核心项目，规划定位其为拉萨的城市公共活动中心和城市发展的新引擎。设计建构了一条从北向南，连接美术馆入口广场、文化宫内广场直抵南侧中干渠，并与南侧的办公组群相连接的公共空间轴，这个衔接起众多公共活动的步行空间将成为贯穿整个创意创业中心的活力之轴。

　　设计充分利用老水泥厂原有厂房空间，打造主展馆、艺术互动体验区、艺术家驻留创作基地和艺术长廊四大分区。作为未来拉萨的重要公共空间，西藏美术馆提供了一个城市意义上可供人穿越的中央公共大厅以及一系列室外公共空间。设计改变了美术馆空间的常规模式，通过丰富的视线联系，将城市生活真正渗透到了美术馆内部。

　　对保留的厂区建筑设计遵循"修旧如旧"的原则，通过结构加固、外饰面整修的办法，按照原工艺恢复其本来的面貌，特别是保持长条形的主厂房外观特征不变。同时结合厂房原有空间特征，打造了以"登山"为主题多层次中央大厅、可以远眺雪山的全景式咖啡厅、串联各区的环形室外展廊等融合西藏地域文化的公共空间，为拉萨树立起新的标志形象，并使之成为西藏新文化形象展示的典范。

设 计 者：李立　肖蕴峰　刘畅　张溯之
工程规模：建筑面积 34 041m²
设计阶段：方案设计、扩初设计、施工图设计
委托单位：西藏自治区文学艺术界联合会

鸟瞰图

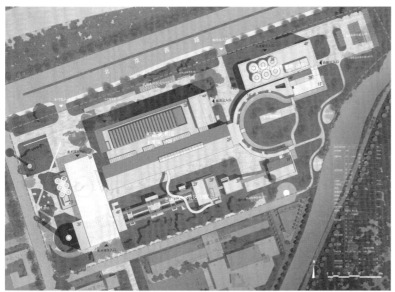

主馆中央大厅效果图

顶层咖啡厅效果图

总平面图

主入口透视效果图

贵州文化艺术中心投标
GUIZHOU CULTURE AND ART CENTER BID，GUIZHOU

项目位于贵阳市观山湖区林城东路以南，东侧毗邻贵阳市城乡规划展览馆，南至贵阳中天凯悦酒店，西邻观山湖公园。用地周边聚集了文化设施、会展会议、金融商业、商务办公、政府行政中心、市级公园、购物中心及居住社区等功能板块，地处城市重要区位。

贵州文化艺术中心作为未来贵州省重要文化地标项目，是贵州的"文化名片"，是百姓的"城市客厅"，设计提出"律动山水"理念：山水画卷，释放都市活力；建筑律动，书写城市序言。艺术中心打通城市与自然之间的轴线，山水与建筑在此交相辉映，营造开放的"城市客厅"，最大化突出艺术中心作为文化地标项目的建筑形象。

在设计中通过契合建筑形态和场地地形，融合地形特征及场地资源，利用现有山谷地形作为主要轴线重塑建筑入口、公共空间，与邻近的观山湖公园、城市道路联系，使得城市与自然发生对话，为城市提供连续的、有规模的公共服务，从而激发城市整体的活力。

设 计 者：汤朔宁　钱锋　龙羽　胡博君　戴波　李婷婷　蒯新珏　汪文正
工程规模：基地面积 40 858m²　总建筑面积 73 824m²
设计阶段：方案设计
委托单位：中天城投集团贵州文化广场开发建设有限公司

整体鸟瞰图

总平面效果图

内部庭院鸟瞰图

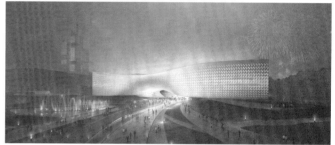

主入口夜景效果图

整体鸟瞰图

杭州音乐厅
HANGZHOU CONCERT HALL, ZHEJIANG

杭州音乐厅选址于杭州市下城区，原杭州锅炉厂8号厂房地块。基地东起中舟路，西至绍兴路、三里塘路，南临规划建设中的潮王路，北侧为7号厂房。设计以老厂房特有的工业风格为依托，尝试从不同的角度融入音乐的灵动，展现杭州的隽永，旨在探索"新与旧"的对话，"艺术与工业"的碰撞，"感性与理性"的平衡。

项目在设计中保留老厂房整体风貌，植入自由的核心空间，引入流动的造型元素，以激烈的碰撞赋予老厂房全新形态，打造区域性地标，谱写跌宕的交响。功能布局围绕1800座的音乐厅展开，与观众前厅、800座的室内乐演奏厅及后台区合理而紧凑地安排在原有的厂房空间内部。爱乐乐团的团部用房，将与演出功能联系紧密的排练空间结合后台区设置，其他办公空间则独立于厂房之外，形成新的建筑体量。建筑东端保留现状主体框架，局部予以拆除，形成半室外活动空间。蜿蜒漂浮的丝状游廊，将面向城市的公共空间、音乐厅与厂房串联为整体，使建筑呈现出开放的姿态与城市互动。

音乐厅的室内设计风格，取意于柳浪闻莺，不仅提供了一座国际级的交响乐专业容器，更传递出杭州这座城市独特的韵味。室内乐演奏厅采用了深色系的室内风格，并通过前排活动座席及升降舞台，实现一定的多功能性。观众入口大厅的开敞空间也可以通过隐藏式的升降活动座席，变身为多功能的演奏场所，强调爱乐会友的理念，乐迷们可以置身于工业遗存与立体绿化的独特氛围中，聆听古典。

设 计 者：汤朔宁　徐风　曹亮　林大卫　聂雨馨　荀欢
工程规模：建筑面积 47 130m²
设计阶段：方案投标
委托单位：杭州恒融商业运营管理有限公司

鸟瞰图

总平面图

室内效果图

杭州大会展中心
HANGZHOU CONVENTION AND EXHIBITION CENTER, ZHEJIANG

杭州大会展中心选址于浙江省杭州市萧山区会展新城内,将依托南部航空港、西侧钱塘江的多重区位优势,发挥自身国际大会展的核心驱动力,带动会展新城的整体发展,为萧山区乃至杭州市注入新的活力。基地作为会展新城重要的港城大道西侧的起始点,东临连通萧山机场以及钱塘江北岸主城区的中环高架路,有较好的交通区位优势。会展新城将通过大会展中心项目建设运营,"以馆带城",推进整片区块的联动开发和全面提升,同时将实施区域一二级联动开发,形成高效运作的工作闭环,打造完整的会展产业生态链,形成具有规模效应的区域经济,提升片区生产生活水平,赋予城市新动能。

设计立意"蝶谷",通过对"蝴蝶"形态的抽象组合,优雅而有力地呈现出磅礴的钱塘江畔双蝶起舞,自由翩跹。通过东西和南北双轴,打造城市中的绿色"山谷",寓意着杭州这座生态宜居的城市自由开放、蓬勃发展。引入自然、曲线形态的二层平台步行系统,连接各展厅同时兼顾餐饮等辅助功能,形成与城市互动交融的公共空间。在一、二期分期建设的时序下,既能保证一期形象的独立性和完整性,又能实现一、二期共同建设完成时整体形象的统一协调。将不同类型、规模的展厅根据其功能特性分区组合,采取南北分区、东西对称的布局方式,形成四片飞舞的"蝶翼"。将登录厅与主要会议区设于展厅组团"中枢"位置。力求内部空间与外部造型有机整合,确保功能明确合理、流线清晰便捷,同时实现展会运营的灵活性与高效性。

设 计 者:汤朔宁　邱东晴　林大卫　张泽震　孟庆超
工程规模:建筑面积约 1 100 000m²
设计阶段:投标(未中)
委托单位:杭州市会展新城建设指挥部

鸟瞰图

鸟瞰图

效果图

光明花博邨东风会客厅——水上会议中心
DONGFENG PARLOR OF GUANGMING FLOWER EXPO—THE OVERWATER FORUM HALL, SHANGHAI

　　会议中心承担相对独立的功能，在选址时应与小镇其他功能区相对分置，同时遵循场景视野的设计原则，设计希望尽可能地避免对既有植被和生态环境造成影响，因此最后选定在基地西南角废弃的鱼塘处。

　　保留原有水塘是确定下来的第一项原则，与水相依相邻，借水成景才能让原有场地的优势发挥到极致。水上会议中心只是轻轻地搭在了水面之上，周边富有野趣的景观成为水上会议中心最突出的外部条件。水上会议中心坐落在鱼塘的东北角，可以充分将水面以及场地外的大地景观纳入观景视野。作为内部水面，水池通过坝口与市政水系相连，可以有效维持水面高度的稳定性，使观景平台拥有较高的亲水性，同时营造会议中心漂浮在水面上视觉感受。

　　水上会议建设时定性为临时建筑，需要满足拆除后异地重新组装的需要。结合地块自然风貌的特征，最终选择钢木结构体系营造整个建筑，其中所有构件都在工厂进行预制，最后现场拼装，以最大程度满足工期要求。选材上，木材温暖的气质融入整体环境中。

　　本次设计充分利用周边的景观资源，打造特色型、生态型、景观化的特色会议中心，符合崇明生态岛的总体区域要求。同时希望水上会议中心融入整体环境，采取弱化主次立面的设计方式，设计塑造了多个与周围场所互动的机会，通过一个向心形的结构形成满足 150 人会议功能的大空间，可进行多向度观赏。向心形的形态也使得其在最小占地的情况下拥有最大的使用面积。

设 计 者：章明　张姿　肖镭　范鹏
工程规模：总建筑面积约 1 228m²
设计阶段：方案设计、初步设计、施工图设计
委托单位：光明房地产集团股份有限公司

夜景平视

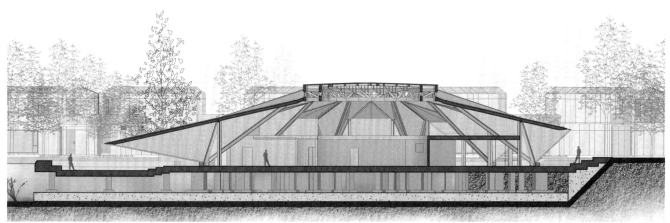

会议中心剖面图

东风会客厅——小镇未来展示厅
DONGFENG PARLOR—EXHIBITION HALL OF THE FUTURE TOWN, SHANGHAI

小镇未来展示厅选在了历史轴与未来轴的交界处，位于整个场部的核心位置。

墙顶一体的形态模式让建筑呈现出地景化的发展趋势。一种简单的单元作为整体形态的启发点，延伸、拼接形成了无边界的空间布局。这种不同于传统的空间模式最大限度地减少了对场地的阻隔。顺应历史轴线与场地脉络方向，一片片的墙体生长出来，其扭转的同时形成楼板，营造出了一体性的展陈空间，场地脉络蔓延至室内，与展览功能沟通互动，漫游路径抬升形成二层，围合丰富的挑高空间，形成了标志性小镇未来展示厅。在小镇未来展厅，透过悬挑而出的挑板可以在四个方向分别与老场部沟通：保留下来的礼堂和办公楼、漂浮在水上的会议中心、融于保留树林的蜂巢酒店、根据原有肌理复建的大师工作坊，不同的场景将老场部的历史与未来融合了起来。

为了配合未来展厅从过去走向未来的建筑氛围，整体选用了木纹混凝土材质。一方面，混凝土的材质较为朴素，与老场部的气氛比较融洽，连续的小木纹为其提供了更多质感变化，与场地大量的保留树木相互融合；另一方面，混凝土良好的可塑性也让墙顶一体化的空间有了落地的实际操作性。曲面的造型，木纹肌理，墙顶一体的形态特征，每一项在实际实施时都具有较大的难度。所有模板单元通过放样后的钢筋进行曲面拟合，以这种方式完成了整体混凝土模板的建构工作。为了保证最后的成型效果，同时试验模板体系的可操作性，在场部内进行了一个曲面单元的1∶1样板段试验，经过多次尝试，最终确认了模板及混凝土修复的具体工艺。为整体浇筑提供了完整的技术流程和效果样板。

设 计 者：章明　张姿　肖镭　范鹏　费利菊
工程规模：总建筑面积约 1 500m²
设计阶段：方案设计、初步设计、施工图设计
委托单位：光明房地产集团股份有限公司

展厅平视图

室内空间

东风农场鸟瞰

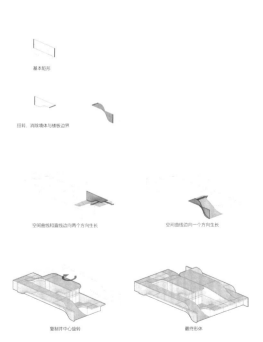

基本矩形

扭转，消除墙体与楼板边界

空间曲线和直线边向两个方向生长

空间曲线边向一个方向生长

复制并中心旋转

最终形体

形态生成

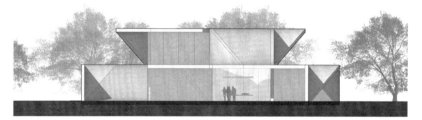

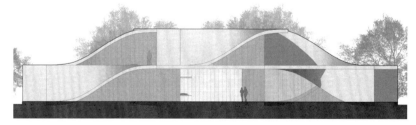

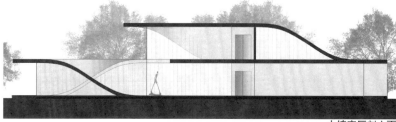

小镇客厅剖立面

皖江学院新校区一期·图书馆建筑方案设计
PLANNING ARCHITECTURAL DESIGN OF THE NEW CAMPUS OF WANJIANG COLLEGE PHASE I · LIBRARY ARCHITECTURAL DESIGN, ANHUI

皖江学院图书馆坐落在校园中心主轴的核心节点位置上，南侧距离学校主大门220米，北侧为会堂；本方案借鉴清代皇家藏书楼"文渊阁"重新凝练整合，在大的空间布局上分为上下两层、明二暗多、面阔五间、两侧楼梯、回廊空间的整体格局；在功能设计中赋予其藏书、阅览、讲堂、自习、展览、花园、交流等多元化功能，整体空间设计做到开放、多元，为莘莘学子提供丰富有趣的学习交流空间。

统领校园：图书馆方正对称的整体外形，25米通高的入口廊檐与25米通高的立体空中花园大尺度空间形象统领整个校园。

组合空间：建筑整体空间共分为上下两层，下层（1F–5F）为图书阅读区，上层（6F–10F）为教师办公区，功能的上下组合既保证了相对独立的同时也能通过开敞的露台空间形成紧密联系。

虚实相间：通过的廊檐、两侧室外楼梯、空中花园、中庭空间、屋顶露台与正立面的四个大通柱、侧向通高的实墙面形成虚实相间的空间反差关系，使得建筑更加立体、层次更为丰富；

多元共享：空中花园、屋顶露台空间为学生提供了全时段展示、交流、学习及休憩等多元化的共享空间。

设 计 者：李振宇　成立　徐旸　肖国文　陈曦　孙楠　孙丽程　等
工程规模：总建筑面积 27 141m²
设计阶段：方案设计、初步设计
委托单位：安徽师范大学皖江学院

整体鸟瞰图

空中花园透视图

文渊阁正立面图

入口透视图

南立面透视图

海南自由贸易港陵水黎安国际教育创新试验区大学生活动中心和会堂

STUNDENT CENTER AND AUDITORIUM IN LINGSHUI LI'AN INTERNATIONAL EDUCATION INNOVATION PILOT ZONE, HAINAN

大学生活动中心与会堂均坐落于绿轴之中，其中大学生活动中心一期规划总建筑面积4 075平方米，地上建筑面积4 075平方米，地下车库建筑面积3 785.26平方米，建筑高度19.2米。学生会堂项目规划总建筑面积8 437.87平方米，其中地上建筑面积3 780.00平方米，地下建筑面积4 657.92平方米，建筑高度16.55米。

大学生活动中心建筑形态呈北侧向外的拱形，夹角120°，以增加直面潟湖的景观面长度；建筑立面采用C字形相扣，且一三层、二四层左右错动3米，形成丰富、有节奏的立面形式；错动产生的阳台和露台是亲近自然观赏风景的绝佳场所。底层架空，将绿轴景观引入地块内部，形成视线廊道；活动中心共设有四层，无论是首层架空区域，还是二、三、四层的空中舞台以及空中花园区域，均对外开放共享，最大限度体现活动中心的场所价值。

学生会堂的设计以基地所在环境为出发点，借由前湖后山之势，演化出前圆后方、前柔后刚的建筑形态。椭圆形的主厅和方形的辅房相穿插。建筑随坡就势，南高北低，场地与观众厅屋顶的坡度均为6%左右，辅房屋顶花园坡度为12%，师生通过环抱观众厅两侧的弧形楼梯拾阶而上，直达屋顶花园，回首处，湖景、草坪、夕阳尽收眼底。

设 计 者：李振宇　徐旸　陈曦　许展航　等
工程规模：大学生活动中心建筑面积4 075m²　会堂建筑面积8 437.92m²
设计阶段：方案设计、初步设计
委托单位：海南陵水黎安国际教育创新试验区开发建设有限公司

会堂鸟瞰图

大学生活动中心鸟瞰图

会堂透视图

大学生活动中心透视图

容东片区 E 组团 E3-07-02 地块社区中心
RONGDONG E DISTRICT COMMUNITY CENTER, HEBEI

该项目位于容东 E 组团的东部。东侧、南侧均为住宅用地，北侧为片区景观绿地，环境良好。地块西侧、南侧为城市道路。总占地 15 991 平方米，总建筑面积 39 302 平方米。

设计依据雄安新区的宏大愿景，解决安置搬迁的首要任务，同时努力践行"世界眼光、国际标准、中国特色、高点定位"的重要指示，为新区的发展建设和功能提升提供前期支撑，为探索新区开发建设模式积累经验。

社区中心承载着市民服务功能和重现文化记忆的双重任务，因此本案结合当地建筑文化和基地保留树木，选取"院落"主题作为规划和建筑设计的核心理念。

地块内西侧、南侧沿城市道路的区域依次布置全民健身中心、社区文化中心、社区服务中心、养老服务中心四个主要的功能单体建筑，每个单体即是一个相对独立的院落，有各自独立的交通出入口及庭院景观空间，四个院落通过首层的共享大平台连成一个整体，即"四院一平台"。

地块内东侧、北侧面向城市绿地的区域保留树木，以当地民居为原型复建了一个典型的街区，功能上为展厅及其配套，体现出"乡愁记忆"的概念。

设 计 者：边克举　郭静宇　李俊钞
工程规模：建筑面积 39 302m²
设计阶段：方案设计、扩初设计、施工图设计
委托单位：中国雄安集团城市发展投资有限公司

鸟瞰图

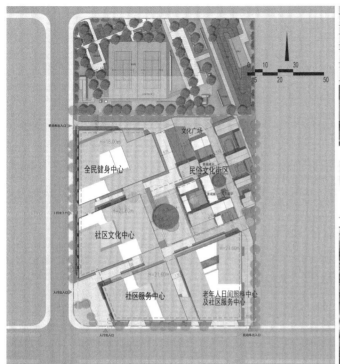

总平面图

民俗街区全景图

内景透视图

街景透视图

西安电子科技大学杭州研究院
XIDIAN UNIVERSITY HANGZHOU INSTITUTE, ZHEJIANG

  西安电子科技大学杭州研究院依托杭州"新制造业计划",打造长三角国际科技合作高地和全国性的产教融合示范基地。项目用地位于萧山科技城中部文化传媒板块。项目总建设用地面积为 33.45 公顷,总建筑面积 65 万平方米。

  设计理念: 打造萧山科技城具有活力的知识型城区。① 校城融合, 校企联动。在空间上, 把校园向城市打开, 形成具有城市街道氛围的校园场景; 在功能上, 把教学功能与产业办公功能有机联系, 打造产学研一体的功能组团。② 串联教学科研单元的活力带。在场地南侧沿先锋河打造一条带状的产学研融合组团, 集合教学、科研、实验、办公等多样化的功能。③ 核心景观场景。在项目一期用地打造一个人工湖核心景观, 营造与自然融合的校园景观场景。

  本方案采用围合式或半围合式布局,塑造具有亲和力的城市空间肌理,整体形态体现多层为主、高低结合的空间形态。控制沿街高层建筑界面连续长度,整体考虑沿街界面节奏,重点打造街角空间形态和街道空间形态。

  以中低密度的办公楼和大量的绿化空间,满足教学、企业办公、研发等需求,形成一个信息港的模式,设备共享、人才共享、空间共享,激发创意交流的氛围。地块内通过建筑后退、内部预留等方式提供绿地、广场及公共开放的建筑底层架空、空中连廊、屋顶平台等共享空间,建立合理的公共步行联系,提升景观品质。

设 计 者:孙彤宇 许凯 李勇 韩毓 毛键源 史文彬 王汉鹏 王晓阳 王润娴 石纯煜
工程规模:总建筑面积 650 000m²
设计阶段:方案设计投标
委托单位:杭州萧山科技城投资开发有限公司

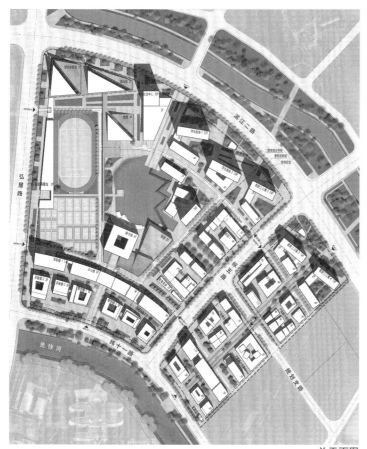

总平面图

教学组团鸟瞰图

产教融合组团鸟瞰图

图书馆

教学组团内街

海南陵水黎安国际教育创新试验区·北体大、中传、民大专享区
EXCLUSIVE ZONE OF BSU, CUC, MUC IN HAINAN LINGSHUI LI'AN INTERNATIONAL EDUCATION INNOVATION PILOT ZONE, HAINAN

本项目位于海南陵水黎安国际教育试验区规划中的学院带，在设计中既满足园区整体风貌的统一性，即滨海院落与学院体量，又彰显各高校专业与自身特色。

北京体育大学专享区含三栋建筑单体，分别为北体大–阿尔伯塔大学国际体育休闲与旅游学院和国际教练员裁判员学习中心、篮球智能训练馆、体能训练中心。方案设计以传承北体大历史文化，结合环境突显体育精神为出发点，用水平线条与横向的体块关系创造舒展的海边建筑风格；滨湖主楼采用六角形开放院落，形成共享场所；多层训练馆结构简明，与造型相统一。在色彩上延用北体大主校区砖红色，形式上体现不同体育教学功能的特色，在严谨中创造动感与活力。

中国传媒大学专享区，由商业系及共享设施楼、设计系楼与计算机系楼三栋单体建筑组成。方案设计以海鸟展翅作为造型概念，呼应滨水的环境特色，创造积极阳光的形象特征，又与海南的文化相协调。

中央民族大学专享区，其主楼布置艺术（音乐、舞蹈等）专业教学功能，在音乐与舞蹈表演厅上方厅围合成架空庭院，附楼包含了美术专业与环境工程专业。方案设计以民族大学老校区砖墙红柱灰瓦为主要基调，呼应滨水的环境特色，创造端庄稳重的形象特征。

设 计 者：李振宇　董正蒙　田秀峰　刘琪　朱琳　邓丰　米兰　赵子逸　等
工程规模：北体大专享区建筑面积 24 830m²　中传专享区建筑面积 25 182m²　民大专享区建筑面积 20 004m²
设计阶段：方案设计
委托单位：海南陵水黎安国际教育创新试验区管理局

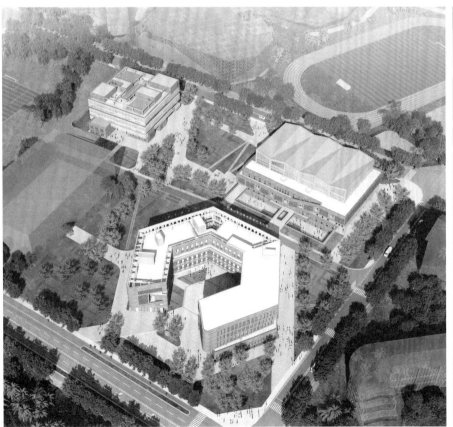

北京体育大学专享区鸟瞰图　　　　　　　　　北京体育大学专享区透视图

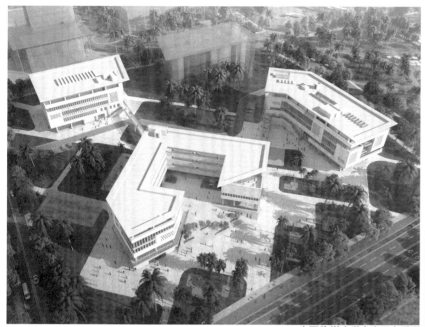

中国传媒大学专享区鸟瞰图

中国传媒大学专享区透视图

中央民族大学专享区鸟瞰图

中央民族大学专享区透视图

中国民用航空飞行学院雁形教学建筑组群规划及建筑设计

YAN·SHAPED TEACHING BUILDINGS GROUP PLANNING ANG ARCHITECTURAL DESIGN OF CIVIL AVIATION FLIGHT UNIVERSITY OF CHINA TIANFU CAMPUS, SICHUAN

　　"雁字回时，月满西楼"是中国民用航空飞行学院的设计主题之一。作为中国民航飞行学院的主要教学建筑组群，紧紧把握"飞行"这个主题，用"雁"形来寓意飞行。基于对基地所处的丘陵地带独特的地形地貌特征的分析，将建筑化整为零，成组成群布局，形成"雁群"的整体效果，适应地形高低变化。根据限高要求，建筑组群逐步升高，展现飞行学院的特质与形象，从校园的主要视角和空中鸟瞰均能形成关于飞行的联想。

　　雁群建筑整体采用灰白色调，三段式，每栋楼都有一条明显的腰带环廊层，采用木色系渐变色，通过空中连廊贯通成一体，串联起一系列空中共享平台，成为课堂外学习和交流的场所，提高空间使用效率和活力。运用流畅凝练的建筑语言，形成具有动感与活力的建筑造型，整体形象简洁生动，轻盈且富有张力，呈现出统一中的参差多态。

设 计 者：李振宇　邓丰　干云妮　米兰　陈柳珺　王修悦
工程规模：建筑面积 119 246m²
设计阶段：前期规划、方案设计、初步设计
委托单位：中国民用航空飞行学院

鸟瞰图

室内透视图

室内透视图

室内透视图

室内透视图

公共主教学楼透视图

空管学院教学用房透视图

行政用房及航空科教基地透视图

"雁群"南立面图

"雁群"北立面图

中国民用航空飞行学院天府校区 E 区雁阵组团
TIANFU CAMPUS OF CIVIL AVIATION FLIGHT UNIVERSITY OF CHINA , GROUP OF "WILD GOOSE" IN E EREA, SICHUAN

　　该项目包含飞行专业教育用房、公安局、单身教师公寓以及后勤业务用房。

　　此组团建设用地与城市道路有较大高差，基地呈小丘陵地貌，在竖向设计中结合不同功能采用错层和台地的处理方法，使四栋雁阵单体在体量上保持协调。建筑形体在统一中有变化，采用共享公共廊道串接的方式组织空间联系，三段式的立面构成使得组团的整体性得到了很好的展示。

　　在色彩处理上采用在大面积的高级灰中镶嵌黄色、橙色等亮色的方式，以体现校园建筑的文化底蕴，并且很好地适应了青年人活泼的性格特点。

设 计 者：刘敏　王舒媛
工程规模：建筑面积 52 570m²
设计阶段：方案设计
委托单位：中国民用航空飞行学院建设处

透视效果图

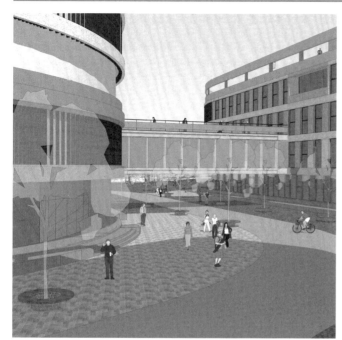

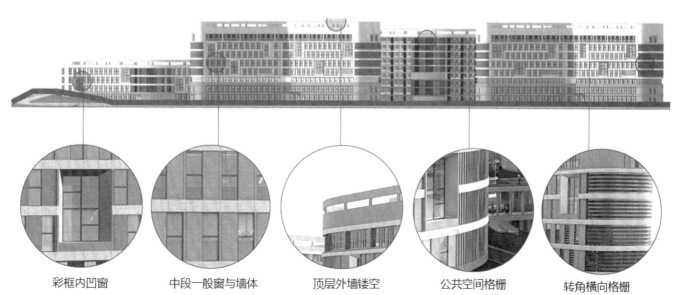

| 彩框内凹窗 | 中段一般窗与墙体 | 顶层外墙镂空 | 公共空间格栅 | 转角横向格栅 |

细部分析图

安徽艺术学院·音乐楼
MUSIC BUILDING OF AUA, ANHUI

音乐楼位于安徽艺术学院西区教学组群西南角，是校园东西景观轴的收尾。由南侧教学楼和北侧琴房楼组成，二者在4~6层由廊桥联系，下部形成3层高的巨大门洞，对应校园西入口大门。

建筑临校园环路的外侧，采用连续界面与其他专业教学楼形成整体；朝向内侧的界面曲折丰富，其中琴房楼东侧两翼架设于水面之上，与景观绿化产生积极的互动。音乐北楼东侧两翼架设于水面之上，底部形成亲水平台，上部则设有两层高的取景口。同时，与相邻建筑采用连廊加强联系，宜人的小空间柔化了建筑的尺度。

位于主门厅二层的小音乐厅，采用深灰色大悬挑体量，强调出其在整个教学群中的独特性。利用教学排练区与琴房区层高差异，设计巧妙利用坡道将不同标高联系起来，并形成通高的共享音乐中庭。人们在充满自然光线的空间中游走，体会建筑与音乐交融的魅力。琴房单元采用落地角窗，不同朝向和方位的角窗强化了琴房个体性，组合起来又形成如琴键般的韵律感。

设 计 者：陈强　周峻　叶雯
工程规模：建筑面积 18 842m²
设计阶段：建成
委托单位：安徽艺术学院

音乐楼整体鸟瞰图

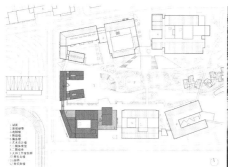

总平面图

主入口

滨水景观（一）

滨水景观（二）

景德镇高新区职业教育学校
JINGDEZHEN HIGH-TECH ZONE VOCATIONAL EDUCATION SCHOOL, JIANGXI

景德镇市高新区职业教育学校项目基地位于景德镇市，处在景德镇市梧桐大道与致远路交叉口北侧。基地东侧和北侧为城市规划绿地，西侧临规划道路，南侧为梧桐大道。总用地面积为 96 999 平方米，总建筑面积约 5.9 万平方米。

校园布局方正，学校南侧主入口形成礼仪入口轴线，充分体现了学校的整体形象和庄重的校园文化；校园西侧有主要人行出入口，避免在城市主干道造成交通拥堵，校园内部的景观庭院是学生日常课间活动的重要公共区域。

校园分为三大功能区，分别为基础教育部分、共享配套部分和实训部分。基础教育部分包括 36 班的九年一贯制学校、职业技术学校及食堂；共享配套部分包括体育馆、游泳馆及看台；实训部分包括教研大楼、实训大楼、宿舍等。

学校力求营造亲近自然、回归自然的环境氛围，创造一种自然的人文和谐共生的景观理念。尽可能利用自然资源，塑造生态的校园风貌；建立多层次的点、线、面结合的绿化景观系统；绿化建设与校园文化内涵相协调，注重校区文化展示与景观环境有机融合。

设 计 者：边克举　尹宏德　郭静宇　李俊钞　刘佳欢　汪效羽　刘诺　高玉轩
工程规模：建筑面积 59 260m²
设计阶段：方案设计、扩初设计、施工图设计
建设单位：景德镇合盛产业投资发展有限公司

鸟瞰图

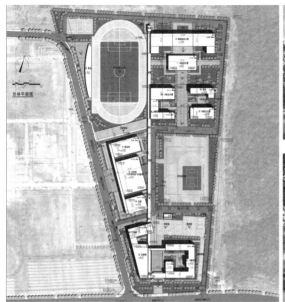

总平面图

体育馆透视图

校园入口透视图

操场透视图

扬州城北教育集中区
EDUCATION CONCENTRATION AREA, YANGZHOU, JIANGSU

　　城北教育集中区位于扬州市江都老城区东北部，南临老通扬运河，内部新都河南北向贯穿。项目总用地面积 21.16hm²，是一所由江苏省四星高中领衔，从幼儿园、小学、初中到高中的一体化教育示范区。

　　本项目旨在打造一所集教学、健康、文化、生态于一体的"五化协同"式绿色校园。一体化：规划将幼小中三个校区的用地功能、道路系统、景观环境作为有机整体，并与南侧老通扬运河及周边社区相互衔接、充分协调。共享化：规划依托沿主干道泰山路依次展开图书馆、大礼堂、艺术楼、游泳馆、风雨操场等学校公共建筑，实现城校、校际共享。生态化：方案重视南侧老通扬运河及内部新都河景观资源利用，强调自然生态驳岸技术和建筑节能环保技术，营造绿色校园。组织化：规划充分研究学校交通组织，提出"港湾式临停＋右进右出＋单行道＋地面地下联合接送"多管齐下的上下学接送交通流线组织，最大程度缓解高峰期交通拥堵。地域化：建筑风格总体上汲取扬州传统"院落"精神之精粹，演绎现代建筑风格。通过建筑围合景观庭院，打通底层共享平台，连廊串联建筑单体，打造流动性、渗透性与个性化的群组共生性室内外空间。

设 计 者：匡晓明　安晓光　潘雅特　彭薇颖　姚奇伟　朱婷婷　朱国营　温浩然
工程规模：占地面积 21.16hm²
设计阶段：方案设计、初步设计
委托单位：扬州市江都区教育局

鸟瞰图

图文信息行政楼效果图

游泳馆效果图

风雨操场效果图

幼儿园效果图

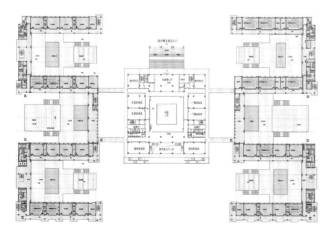

高中共享平台层平面图

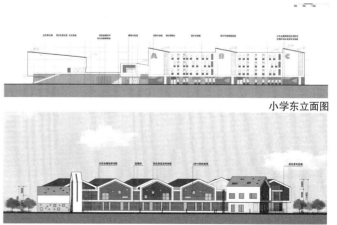

小学东立面图

幼儿园北立面图

浙江横店影视职业学院教学行政综合体

HENGDIAN COLLEGE OF FILM & TELEVISION, ZHEJIANG

本项目位于浙江横店影视职业学院主入口区域，设计是对原校园主入口广场进行改造与更新。

植入与更新：拆除广场原有东西两侧一至二层围廊，新建 16 715 平方米教学空间，延伸并利用原有广场东西向轴线，进一步加强校园南北向空间主轴秩序。

整合与激活：新建筑与 U 形回廊串联成整体并围合出广场中央活动大草坪主景，同时与周边原有建筑在公共空间系统有效串联，大量增加室内外公共活动空间。

多层次活动：二层的 U 形回廊串联新建筑门厅、中庭、连廊，营造立体的室内外公共活动空间。

场所与气质：新建筑围合的广场主入口通过 U 形回廊在城市道路界面在东西向的延伸，整合了校园入口的城市界面，并在建筑和空间形象上营造艺术院校的环境氛围。

设 计 者：陈宏　孙光临　李丹　刘有健　张雨缇
工程规模：建筑面积 16 715m²
设计阶段：方案设计、初步设计、施工图设计
委托单位：浙江横店影视职业学院

鸟瞰图

改造前

改造前

改造后

改造后

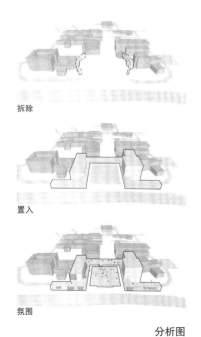

拆除

置入

氛围

分析图

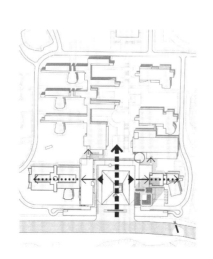

总平面图

一层平面图

三层平面图

海南陵水黎安国际教育创新试验区九年一贯制公立学校
NINE-YEAR EDUCATION SCHOOL OF LI'AN INTENATIONAL EDUCATION INNOVATION PILOT ZONE , HAINAN

　　本项目基地有较大的竖向起伏，规划设计充分考虑了地势地貌，采用景观生态学的理念，优化场地高差，结合场地置入共享景观庭院，细化建筑体量的同时与景观相互融洽。并结合当地的气候条件，采用错层、架空等空间处理手法，创造出与儿童、青少年的性格相符合的校园建筑群体风貌。

设 计 者：刘敏　王舒媛　何广　倪峰
工程规模：总用地面积：62 255m²　　总建筑面积：53 596m²
设计阶段：方案设计、扩初设计、施工图设计
委托单位：海南陵水黎安国际教育创新实验管理局

鸟瞰图

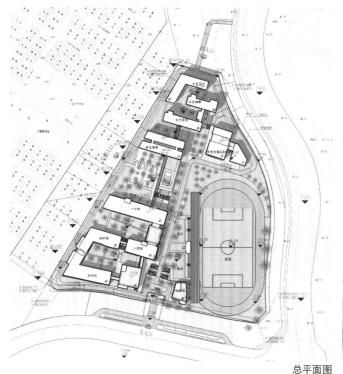

总平面图

效果图

效果图

中国人民大学附属中学大厂校区项目一期
THE DACHANG CAMPUS PROJECT OF THE HIGH SCHOOL AFFILIATED TO RENMIN UNIVERSITY OF CHINA, HEBEI

本项目隶属廊坊市大厂回族自治县，大厂回族自治县紧邻北京，位于京津冀协同一体化发展轴的核心位置。

设计理念：①营造花园学校。充分利用地面庭院、露台花园及室内中庭，营造出立体多样化的校园公共空间，将学校打造成为大厂这座花园城市当中的花园学校。②争取最佳品质。以条形教学楼为形体基本原型，争取绝大多数教室最佳的朝向设置，为学校提供品质最佳的办学氛围。③创造多样空间。通过局部条形建筑的黏合及风雨廊的增厚，为学校创造多样的内部空间，从而容纳更多的选修教室、多功能教室、讨论室，提供更多的选修课程或自组团队研究空间；公共空间多功能使用，研讨、阅览、餐饮、休憩、活动、展示，激发学生主动的创新动力。④激发生命活力。通过廊桥、平台等空间手法联系各个维度的室内外空间，提供更多户外活动空间和体验，营造充满生命活力的校园文化，将学校打造成一座"可观、可学、可游"的花园学校。

设 计 者：汤朔宁　钱锋　杨文俊
工程规模：建筑面积 77 723m²
设计阶段：方案设计、扩初设计、施工图设计
委托单位：大厂回族自治县鼎兴鸿产业园有限公司

鸟瞰图

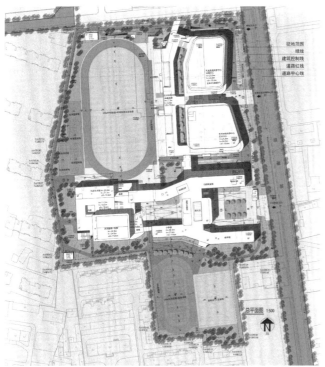

征地范围图
绿线
建筑控制线
道路红线
道路甲心线

总平面图 1:500

N

总平面图

效果图

鸟瞰图

江苏省丹阳高级中学校区迁建项目概念性方案
DANYANG HIGH SCHOOL CAMPUS RELOCATION PROJECT CONCEPTUAL DESIGN, DANYANG, JIANGSU

综合丹阳中学历史特色以及中学校园的教学实践需求，规划采用了整体轴线贯穿、南北板块联动、局部院落组合的布局方式。教学生活板块紧密联动，成为学校的教学核心，北部筑山理水成为学校的景观核心，升华学校的文化古韵。

规划结构——两轴四区：南北轴以南入口开始，依次连接书林广场、图书馆、墨砚广场、砚池学海、以笔架山脚下的大成殿为北端点贯穿南北。东西轴以东入口开始，连接广场、图书馆、艺术水景、体育场。学校由南至北依次规划为教学区、生活区、文化艺术区，学校紧邻干道一侧为体育运动区。校园和校舍整体性强，建筑组合紧凑、集中，场地绿化充分，使得校园空间的使用效率达到最优。

校园建筑风格源于传统水墨山水和院落意向，通过建筑屋顶、立面、材质、色彩的塑造和表达，打造一个富有江南传统古韵，但又具有现代建筑气息的校园建筑组合。立面形态以江南水乡坡屋顶为原型进行排列组合，远观如传统民居，栉比鳞次，又如绵绵山脉，层层递进。

校园景观以简约、生态为设计原则。入口广场标志性强、富有秩序和韵律成为学校的礼仪空间；教室与宿舍楼之间的口袋绿地，设计手法现代生动，满足同学们的课余休闲需求；墨砚广场步移景异，曲径通幽；砚池、笔架山山环水抱，四季花艳；大成殿背山面水，倒影灵动；小桥跌水、亭廊相直。

设 计 者：周向频　闫红丽　周华娇　钱梦阳　杨光
工程规模：20hm²
设计阶段：方案投标
委托单位：江苏省丹阳市教育局

01. 实验楼
02. 行政办公楼
03. 创新班教学楼
04. 高一教学楼
05. 高二教学楼
06. 高三教学楼
07. 信息科技楼
08. 图书文科楼
09. 书林广场
10. 礼仪长轴
11. 知行广场
12. 女生宿舍楼
13. 男生宿舍楼
14. 教师用房
15. 食堂（一部）
16. 墨砚绿轴
17. 体育馆含食堂二部
18. 400米田径运动场
19. 风雨篮球场
20. 体育运动场
21. 艺术活动中心
22. 国际部
23. 老牌坊
24. 大成殿
25. 笔架廊
26. 砚池
27. 笔架山

鸟瞰图

校区入口效果图

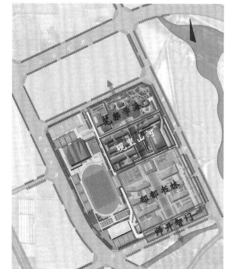

文化结构分析图

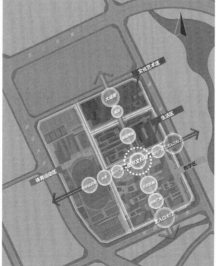

规划结构分析图

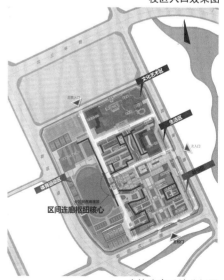

建筑连廊系统分析图

奉贤新城景秀高中
FENGXIAN NEW CITY JINGXIU HIGH SCHOOL, SHANGHAI

项目地块位于上海奉贤区，距区中心仅 5km，周边居住生活配套完善，人口密集。地块形状方正，内部平整，十分有利于建设。

规划形态设计：建筑主体呈流线型，从北侧贯通至南侧公园边，临河而建。布局上行政办公临路，教学楼沿河，宿舍楼面湖而建，最大化将基地周边优质自然资源引入内部。

设计理念分五个部分：

（1）开放多元：创造丰富的内外空间，构筑完整的空间联系，与周边环境情景交融；

（2）兼容共享：适度运用廊道、庭院等灰空间，承载多样的第一课堂与第二课堂的功能，实现高效共享；

（3）立体花园：建筑内部不同标高层面丰富的花园空间形成了优秀的城市第五立面，山园，水园，乐园对应了"仁者乐山，智者乐水，学者乐园"；

（4）青春流动：建筑形态设计与流线契合，符合高中生青春活泼的性格；

（5）集约高效：整个校园内部建筑贯通，功能适度分区，结构清晰，各功能间集中又各自独立，节约了通达时间成本。

设 计 者：李振宇　徐旸　肖国文　许展航　陈曦　黄嘉璐 等

工程规模：建筑面积 39 880m²

设计阶段：方案设计、初步设计

委托单位：南桥新城建设发展有限公司规划管理部

鸟瞰图

主入口透视效果图

效果图

校园内小场景效果图

九江双语实验学校二期项目建筑方案
JIUJIANG BILINGUAL EXPERIMENTAL SCHOOL, JIUJIANG, JIANGXI

　　九江七里湖学校位于九江市开发区中心区，学校用地周边均为新建及在建高层住宅楼盘，风格现代。一期建成使用后，随着学生数量的急剧增加，学校西侧用地拓展为二期用地，规划上一期改造为小学部，二期建设为初中部，同时结合初中部增加西南角幼儿园6个班单元，以此形成配套设施完善的幼、小、初一体化的综合校区，以满足城市发展的需求。

　　二期规划统筹一期综合考虑，划分为教学区、综合楼和幼儿园共享区、体育馆区、体育活动区几大功能区块，各功能区相对独立，又联系紧密。教学区布置在北侧，正对中心广场，与南侧幼儿园形成对应关系。综合楼区将实验楼、教师休息和办公等功能进行整合，与幼儿园合并布置在西南角；综合楼新增配套的功能教室和相应的教师办公室休息室。幼儿园功能部分，主要增加6个班单元，对原幼儿园的规模进行扩充。体育馆区位于综合楼与教学楼的东侧。体育活动区由4个室外篮球场、2个室外羽毛球场及室内球场组成，位于学校的东侧，与一期的操场相结合，方便校园之间共享使用。几大功能区通过形体组合形成大围合的建筑布局关系，并尽可能扩大中心区域的活动和景观区域，使得一、二期校园形成整体、诵谐的空间和视觉关系。

设 计 者：胡军锋　高广鑫　张鹤鸣　张君　董天翔
工程规模：建筑面积 65 348m²
设计阶段：方案设计
委托单位：九江双语实验学校

鸟瞰图

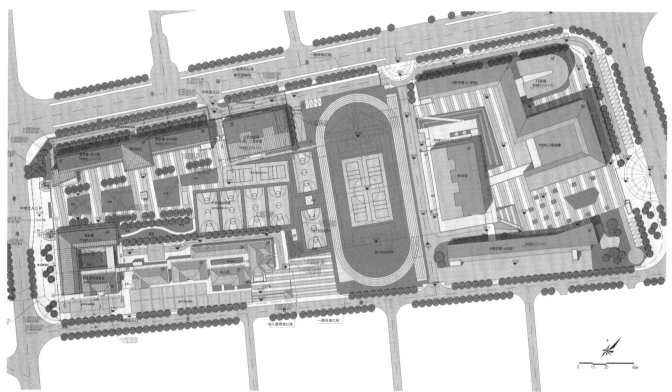

总平面图

教学楼透视效果图

鹤壁东区天籁学校
TIANLAI SCHOOL, HEBI, HENAN

　　项目位于鹤壁东区，新城公共服务主轴东侧，是首批开发建设的示范项目。建设规模为小学48班，初中36班的九年一贯制学校。设计体现"淇水之滨"鹤壁的地域特征，尊重学校的文化传承与积淀，并且彰显现代校园的创新性与前瞻性。

　　（1）规划布局：汲取传统书院的布局形式，以"轴线、院落"作为空间结构的构成要素，统领校园空间格局。以国学馆作为空间序列的核心，南北礼仪轴和东西文化轴纵贯整个校园，校区内一系列重要空间节点沿轴线有序展开。

　　（2）建筑造型：注重体现鹤壁的地域特征和书院的文化气息。《诗经》用"淇水汤汤"赞美淇河之美，因此在音乐教学楼和体育馆的造型设计中采用连续曲折的屋面，体现淇河的水波意象，营造出校园特有的场所意境。主体建筑造型为现代中式风格，通过灰色折板屋面和白色墙面及木色点缀，用现代设计手法表达传统意境，整体校园建筑风格精致、典雅。

　　（3）校园空间：以活力共享为出发点，通过院、廊、园、厅等公共空间的相互交织，创造出丰富的公共空间。二层平台将国学馆、体育馆、音乐教学楼、草坡剧场和学生食堂等公共建筑联系起来，成为学生课余学习和交流的重要场所。

设 计 者：江浩波　王立颖　罗利辉　杨世杰　孙维群　朱海峰　赵勇　李向阳
工程规模：建筑面积 70 780m²
设计阶段：方案设计
委托单位：鹤壁市中辰城市建设开发有限公司

鸟瞰图

音乐厅、音乐教学楼透视图

小学教学楼、综合楼透视图

宿舍楼透视图

入口教学楼透视图

董家渡聚居区 18 号地块小幼联合体及社区综合配套用房
DONGJIADU SETTLEMENT NO.18 PLOT—COMPLEX OF NURSERY AND PRIMARY SCHOOL AND COMMUNITY FACILITIES, TAICANG

　　本项目地处黄浦区董家渡地区，周边城市空间建筑密度极大，四周均为已建成和正在建设的高层住宅，间距和日照条件复杂，在董家渡 18 号这块狭长的地块上我们开始设计一座学校，一座幼儿园，一座老年福利院，一间派出所和一间菜场。由于空间十分有限，我们采取集成式的设计方式，统筹布局实现城市空间效益和建筑空间效益的最大化，建筑密度达到了 80%，使基地内每一寸土地都得到充分利用。

　　我们将九年一贯制学校、幼儿园及社区配套用房三个项目统合在一条绿色的轴线上，从学校的绿谷、幼儿园的绿园，到社区配套用房老年福利院的多级绿化平台，形成了从东到西贯穿的绿视连续，同时也在高度密集的城市中心区开辟出了大量的屋顶绿化和活动空间。九年一贯制学校充分利用地下空间布置食堂图书室等辅助教学工具，通过下沉广场和向地下延伸的绿化景观提升地下空间的品质和特色，充分利用学校操场抬高至二层的优势布置游泳馆运动馆和小礼堂，同时在学校的南侧基地内部形成限时开放的家长接送等候区，疏解城市空间压力。幼儿园则采取南低北高的错层式布局，充分满足北侧幼儿活动单元的日照要求，连通南北的空间廊道也成为幼儿园内部最有特色的空间形态要素。整体建筑在有限的用地条件下，将空间效益最大化。派出所、老年福利院和菜场的入口各有特色，分别与各自的功能特点相呼应，建筑整体在材料语言上相互呼应，共同形成统一的城市空间形态。学校和幼儿园的形态和空间设计均强调统一秩序之下的主题与个性，两者一二层通过操场的抬升形成基座，相互连接形成统一的空间形态，两者的上部结构各有特征。

设 计 者：章明　张姿　丁阔　丁纯　王绪男　林佳一　张林琦　刘炳瑞
工程规模：总建筑面积约 23 223m²
设计阶段：方案设计、初步设计、施工图设计
委托单位：上海市黄浦区人民政府机关事务管理局

鸟瞰图

西南角透视图

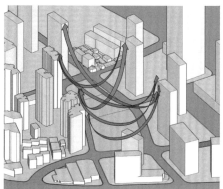

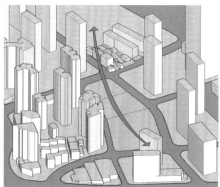

西北角透视图

董家渡聚居区 18 号地块 315-02 街坊新建小、幼联合体

DONGJIADU SETTLEMENT NO.18 PLOT 315-02—COMPLEX OF NURSERY AND PRIMARY SCHOOL, TAICANG

项目地处黄浦区董家渡地区，周边城市空间建筑密度极大，四周均为已建成和正在建设的高层住宅，间距和日照条件复杂，设计方案在充分分析周边城市空间特点的前提下进行布局，将学校和幼儿园作为一个单体来考虑，九年一贯制学校和幼儿园分别布置在基地东西两侧，二者之间通过学校下沉的绿化广场和幼儿园的绿化活动场地形成贯穿基地东西的绿色系统，学校操场布置于二层，使首层空间得到更加充分的利用，统筹布局实现城市空间效益和建筑空间效益的最大化。

项目在极为有限的用地内集合了九年一贯制学校和幼儿园的多种教学功能，在满足两者基本教学功能的前提下，注重配套功能和特色教学内容的匹配，九年一贯制学校充分利用地下空间布置食堂图书室等辅助教学功能，通过下沉广场和向地下延伸的绿化景观提升地下空间的品质和特色，充分利用学校操场抬高至二层的优势布置游泳馆、运动馆和小礼堂，同时在学校的南侧基地内部形成限时开放的家长接送等候区，疏解城市空间压力。幼儿园则采取南低北高的错层式布局，充分满足北侧幼儿活动单元的日照要求，连通南北的空间廊道也成为幼儿园内部最有特色的空间形态要素。

项目结合教学建筑的特点，选布质朴和原真性的建筑材料，学校和幼儿园建筑外墙采用预制模卡整体砌块墙，兼有外墙围护和保温功能，同时可以作为预制构件提升整体的预制率减少主体结构的造价压力，结合预制模卡砌块墙，建筑外墙外装饰大量采用现浇装饰混凝土工艺，形成具有特色的彩色混凝土外墙效果，能够有效减少后期维护成本。

设 计 者：章明　张姿　丁阔　丁纯　王绪男
工程规模：总建筑面积约 59 819m²
设计阶段：方案设计、初步设计、施工图设计
委托单位：上海市黄浦区教育局

日景平视图

鸟瞰图

内景组图

雄东片区 A4-05-02 地块 12 班幼儿园

XIONGDONG A4-05-02 KINDERGARTEN ,HEBEI

　　幼儿园用地位于雄东片区 A4 组团，东侧、南侧为城市次干道，城市次干道东侧、南侧为住宅用地；北侧与西侧为片区公园绿地，环境良好，北侧绿地的北侧为小学用地。

　　从城市视角着眼，幼儿园建筑集中在用地北侧，基地南侧形成最优质的户外活动场地，并且在空间上与毗邻的公园形成一体化的街区"绿芯"。建筑形象圆润、活泼，成为街区"绿芯"当中的特色形象。

　　幼儿园建筑由多功能活动室、专业活动室、后勤用房、办公服务用房等构成，统一设置于一栋建筑内。利用建筑楼层退台变化，于二层屋顶部分设置班级活动场地，最大限度地增加空间利用率。后勤用房布置于用地北侧，靠近机动车出入口，方便使用。场地南侧为幼儿主要活动区域，设置班级活动场地、公共活动场地、跑道、沙坑、绿色种植园等，丰富儿童的生活。

　　总体环境景观设计包括外部景观的引入和内部景观的塑造，表现景观绿化与建筑空间的整体性特征。集中绿地、带状绿化、屋面绿化景观、入口广场、活动广场等元素互相配合，共同构成完整和谐的立体景观，创造出自然生态的学习场所。

设 计 者：边克举　尹宏德　李云朝　刘佳欢　唐振力
工程规模：建筑面积 5 250m²
设计阶段：方案设计、扩初设计、施工图设计
委托单位：中国雄安集团城市发展投资有限公司

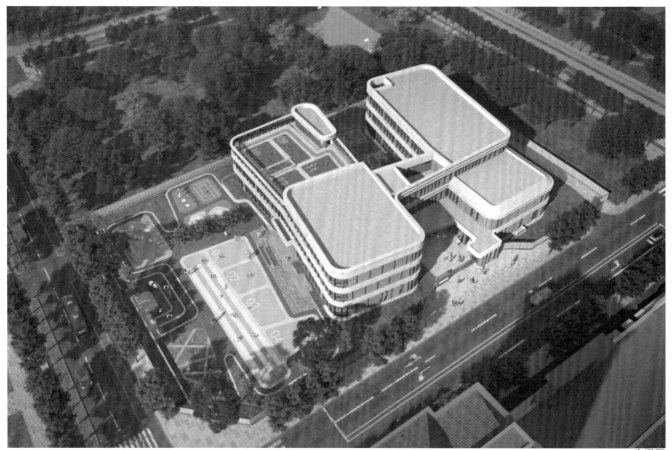

鸟瞰图

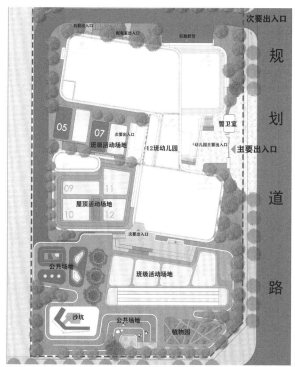

总平面图

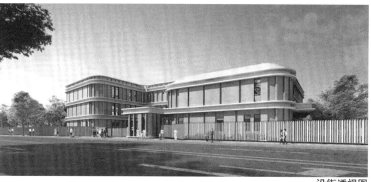

沿街透视图

内景透视图

活动场地透视图

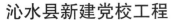

沁水县新建党校工程
PARTY SCHOOL OF QINSHUI, SHANXI

沁水县新建党校工程位于山西沁水县县城，位于南山公园区域，南侧为石楼寺。基地为山地建筑，高差较大，内部有两棵保留古树。

设计立意：以传统"三进院"为灵感，晋派建筑以大型建筑院落群著称，营造半围合式的建筑组团布局，形成拾级而上的，有序列感的庭院。

设计依循"文化性""生态性""经济性"三大原则。以生态性构架为基础，以地块周边文脉为依托，构建兼顾经济性的设计布局。总体规划以营造有序列感的院落空间为目标，将空间联系紧密的建筑功能作为组团，通过组团间的交错布置半围合出不一样的院落，形成起承转合的院落和互为呼应的组团。

设 计 者：汤朔宁　奚凤新　李姣佼　陈晓峰
工程规模：基地面积 35 610m² 　建筑面积 335 031m²
设计阶段：方案设计、初步设计、施工图设计
委托单位：沁水县住房和城乡建设管理局

鸟瞰图

总平面图

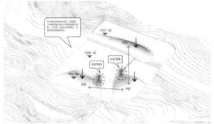

设计推演分析图

透视图

铁门关市党校综合培训（读书）楼及室内训练基地建设项目

PROJECT OF COMPREHENSIVE TRAINING(READING)BUILDING AND INDOOR TRAINING BASE OF TIEMENGUAN PARTY SCHOOL,XINJIANG

　　项目位于新疆维吾尔自治区铁门关市迎宾大道以南，现有厂房南侧，党校综合教学行政楼北侧，安疆街以西，香梨大道以东。用地总面积为25506平方米。总体规划设计从校园的整体形态入手，结合基地的特殊环境，建立了一个以中轴线为主轴的空间序列。教学行政区以中央对称的整体造型形成校区建筑的核心，强化了校园以大门、中心绿地及水体、综合行政教学楼所形成的主轴线。这条轴线连接了党校的历史与未来，象征党校发展的见证与延续，是总体规划设计的指导思想，也是该方案的设计基础。加强校园交通系统现有不足之处的重新梳理，将新旧区道路系统重新进行一体化设计。优美别致的生态环境是党校设计的重要环节，也是提高党校建筑品质的重要体现。绿化环境设计与整体功能布局，协调组合。

　　新建建筑呈"品"字形布局，主要由宿舍楼、综合读书培训楼、室内训练馆组成。党校是培养党内干部的基地与摇篮，建筑外立面设计以现代中式建筑风格为主——树立"文化自信"，整体造型庄重、古典又不失现代感，简洁明快，充分体现我党执政为民、求真务实的精神内涵和空间品质。主要用材以真石漆、玻璃为主。强调玻璃的细致搭配与装修细部的处理，用肌理、颜色和质感搭配展示稳重大方的视觉效果，为铁门关的城市风貌增添了一处亮点。

设 计 者：吴庐生　张健　黄丹　张爱萍　陈武林　沈复宁　王慧　朱兴宇　葛成斌
工程规模：规划用地面积约 25 506m²　总建筑面积 9 960m²
设计阶段：方案设计
委托单位：中共新疆生产建设兵团第二师委员会党校

整体鸟瞰图

建筑整体透视图

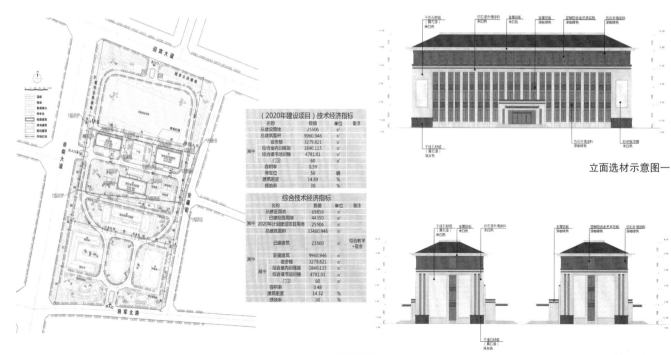

（2020年建设项目）技术经济指标			
名称	数值	单位	备注
总建设用地	25506	m²	
总建筑面积	9960.946	m²	
其中　宿舍楼	3279.821	m²	
综合室内训练馆	1840.115	m²	
综合谈书培训楼	4781.01	m²	
门卫	60	m²	
容积率	0.39		
停车位	56	辆	
建筑密度	14.89	%	
绿地率	30	%	

综合技术经济指标			
名称	数值	单位	备注
总建设用地	69856	m²	
其中　已建校园用地	44350	m²	
2020年计划建设项目用地	25506	m²	
总建筑面积	33460.946	m²	
已建建筑	23500	m²	综合教学+宿舍
其中　新建建筑	9960.946	m²	
宿舍楼	3279.821	m²	
其中　综合室内训练馆	1840.115	m²	
综合谈书培训楼	4781.01	m²	
门卫	60	m²	
容积率	0.48		
建筑密度	14.32	%	
绿地率	30	%	

总平面图

立面选材示意图一

立面选材示意图二

昆山市专业足球场
KUNSHAN FOOTBALL STADIUM, JIANGSU

　　昆山市专业足球场是中国承办2023年亚洲杯的主赛场之一。项目用地位于昆山市开发区东城大道东侧、景王路北侧，用地面积为300亩，总建筑面积13.49万平方米。足球场观众数为4.5万人，可举办国际顶级的足球赛事，同时兼顾足球培训、大众健身、休闲娱乐等需求，建成后将进一步完善城市体育设施布局，丰富大众体育休闲活动，提升城市整体形象，力求打造为城市级体育休闲文化公园。

　　足球场充分提炼昆山的当地文化特征，以苏工折扇作为建筑形式语汇，形成富有张力的折扇立面体系。苍劲有力的混凝土双柱系统，形成了折扇立面的扇骨，同时轻柔通透的PEFE膜结构，形成了折扇立面的扇面，两种材料相互融合充分诠释了刚柔并济、虚实有度的建筑形象。总体布局在延续建筑概念的基础上，以径向放射状的构图元素，进一步强化整个地块的聚合效应。

　　足球场内场采用肥皂形看台轮廓，竖向分为共下层看台、包厢看台和上层看台三部分，强化足球比赛的包裹感和氛围感。屋顶的钢结构采用桁架体系，结构受力清晰明了，顶部材料为PEFE膜，空间效果通透明亮，屋面结构体系将灯光、音响、马道等设施相互整合，形成简洁精致的外观效果，打造令人愉悦的观赛空间。

设 计 者：汤朔宁　邱东晴　徐烨　徐星　刘洋　陈磊　乔林
工程规模：建筑面积135 092m²
设计阶段：方案设计、初步设计、施工图设计
委托单位：昆山卓越体育文化发展有限公司
合作单位：gmp International GmbH（德国gmp国际建筑设计有限公司）

透视图

内场效果图

观众席透视图

广场透视图

上海自行车馆
SHANGHAI VELODROME, SHANGHAI

　　项目建设位于崇明区陈家镇，南至崇明体育训练基地一期已建成的外环北路，东至拟建规划道路。其主要功能为自行车训练基地，并兼顾比赛需求。基地内包含建筑单体有自行车馆、小轮车馆、配套用房，还包含泥地竞速小轮车场地等室外训练比赛区。

　　自行车馆整体造型流畅简洁，以车轮为造型原型，重构自行车车轮的意向，诠释自行车运动的速度感。流线型景观及道路，引导车流人流方向，并与整体的建筑造型相协调。

　　整体规划设计中，注重营造适应环境与环境互动的建筑空间，尽量降低主体建筑高度，划小配套建筑体量，以保证项目基地中良好的空间环境，避免过大体量带来的压迫感和宏观室外空间尺度带来的紧迫感，营造舒适的训练和比赛环境。

　　自行车馆的整体布局充分考虑景观、流线以及与周边崇明体育训练基地的相互关系。

　　本项目考虑将核心功能建筑自行车馆布置在场地中央南侧，沿城市道路形成统一界面。在此基础上，结合自行车队训练的需求，将训练场地及配套设施沿核心场馆环向布置，西侧为后勤训练区，布置配套用房、室内小轮馆和自行车集装箱放置区；北侧为小轮车室外训练区，布置有小轮车泥地竞速场地一块；东侧结合绿化布置自行车练习车道。

设　计　者：钱锋　汤朔宁　徐烨　徐星　史泽道　乔林
工程规模：建筑面积 30 966m²
设计阶段：方案设计、初步设计、施工图设计
委托单位：上海市体育训练基地管理中心

自行车馆透视图

内场效果图

配套用房透视图

小轮车馆透视图

茂名市奥林匹克中心建设项目
MAOMING OLYMPIC SPORTS CENTRE, GUANGDONG

茂名奥体中心功能涵盖体育场，体育馆，游泳馆，全民健身馆，会展中心及酒店，是一座综合竞技型体育中心。

奥体中心以"海水纹"，"贝壳"及茂名特产"荔枝"作为设计关键词。

体育场取意"荔枝"，以红色为主题，依托茂名好心文化、荔枝文化的精髓，增加体育中心色彩标志性，体育场平面为正圆形，立面由凸起的菱形单元构成，并由上至下逐渐渐变为方洞，在饱满的形体中加入了丰富的立面语言。西区场馆群以起伏的形态呼应蜿蜒的湖滨岸线，突出了亲水建筑特征。将景观形态蔓延至建筑，结合迎湖起翘，宛若贝壳的建筑姿态，形成从地面到屋顶，连续、回转的立面形象和屋顶界面，呼应"海纹绕贝"的设计立意。

设 计 者：钱锋　汤朔宁　奚凤新　余雪悦　李姣佼　袁路　陈嵘　赵艺佳
工程规模：210 000m²
设计阶段：方案设计、初步设计、施工图设计
委托单位：茂名市保臻置业有限公司

鸟瞰图

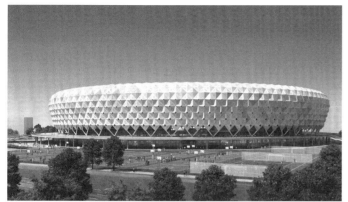

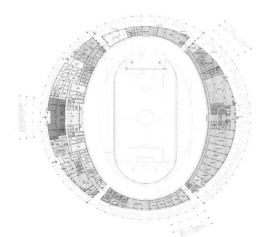

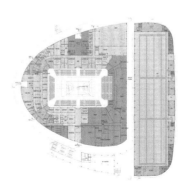

体育场一层平面　　　　　　　　体育馆一层平面　　　　　　　　游泳馆一层平面

宿州市公共体育设施
SUZHOU PUBLIC SPORTS FACILITIES CENTER, ANHUI

　　项目是宿州市重要的竞技体育和全民健身的公共活动空间之一，位于宿州市新汴河以北的汴北新区，毗邻宿州市体育馆、科技馆、政务服务中心、市立医院、会展中心等，规划较为成熟，交通便利，市政设施配套完善。本项目基地约252.36万平方米，总建筑面积约8.96万平方米。本项目包含体育场、全民健身中心及配套商业。体育场可以满足专业比赛的需求，将成为宿州市文化体育设施的新地标，全民健身中心将提升整个宿州市全民健身、大众体育的硬件条件，成为宿州市体育事业发展的里程碑。

　　本方案以书法为原型，采用行云流水的设计概念。以连续立面包裹环绕，将两个相对独立的场馆串联成为一体，形成流动的整体场地，表达线条之柔美。立面采用体现刚性的"鳞甲"造型，展现柔美之外的力度之美，彰显结构之阳刚。既有连续线条之柔美，亦有严整结构之阳刚，与宿州的精神内核相契合。

　　整体规划上，以两个主要场馆为核心，围绕其穿插布置室外田径场、运动公园、活动广场、入口广场及停车区域。在面向城市道路的三个方向上分别设置三个机动车出入口，最大化向城市开敞。中央的活力广场为人行集散提供了适当的场地，引导人们由城市界面进入。场地南北侧和东侧各有入口广场，人行流线可沿建筑单体环绕。东侧运动公园中也布置了健身步道，供使用者在绿茵环绕的环境中漫步。

设 计 者：钱锋　徐烨　陈琪
工程规模：建筑面积 89 648m²
设计阶段：方案设计
委托单位：宿州市教育体育局

透视图

鸟瞰图

透视图

透视图

许昌体育会展中心二期综合馆项目
XUCHANG SPORTS AND EXHIBITION CENTER PHASE II COMPREHENSIVE GYMNASIUM, HENAN

许昌体育会展中心二期综合馆项目由体育馆、游泳馆、综合馆、体育运动管理中心和地下室等功能组成。

体育馆为甲级综合性比赛馆，可承办全国性和单项国际比赛比赛需求，包含比赛场地、观众席、休息厅以及贵宾、运动员、裁判、组委、媒体、管理等竞赛功能用房。游泳馆为乙级比赛馆，可承办地区性和全国单项比赛，包含比赛池、热身池、观众席、休息厅以及贵宾、运动员、裁判、组委、媒体、管理等竞赛功能用房。综合馆为训练馆，包含室内篮球场、手球场、乒乓球场、排球场、羽毛球场等场地以及相应的更衣、淋浴、管理办公等功能。体育运动管理中心为训练馆，包含室内训练厅以及相应的更衣、淋浴、管理办公等功能，另外还设置了宿舍、运动员餐厅等后勤辅助功能。地下室主要包含地下车库、配套用房、设备用房等功能。

三馆一中心建筑形象源于水中摇曳的莲叶，自由灵动的屋盖天际线体现了体育建筑的时代感与速度感，舒展的莲叶与体育场"绽放的莲花"形象相互映衬，池水荡漾，叶伴莲共舞，生机盎然。整个体育中心犹如一个莲花池，力图展现许昌市蓬勃发展，欣欣向荣的发展前景。

方案设计采用集中式策略布置三馆一中心，最大程度地将城市用地开放给市民，围绕建筑设计环形的健身步道与活动设施串联起体育场馆。

设 计 者：钱锋　史泽道　徐烨　陈磊　徐星　乔林　陈琪
工程规模：建筑面积 139 029m²
设计阶段：方案设计、初步设计、施工图设计
委托单位：许昌市体育局

鸟瞰图

半鸟瞰图

鸟瞰图

格尔木市新区体育场建设项目
STADIUM CONSTRUCTION PROJECT IN NEW DISTRICT OF GOLMUD, GOLMUD, QINGHAI

格尔木位于青海省西部，地处青藏高原腹地，柴达木盆地中南边缘。昆仑山与唐古拉山横贯全境，坐拥素有"盐湖之王"美誉的察尔汗盐湖，南依可可西里自然保护区，旅游资源丰富。项目选址位于格尔木新区，临近机场，交通便利。得天独厚的门户位置注定了新区体育场将肩负区域地标与城市名片的重任。基地西临新城路，北接野马泉路，东侧为规划景观水系。

设计以"流水行云"为核心理念，从"云"入手，将各建筑单体的屋盖和立面相互交织形成连续的整体，在有限的高度内强化体量感，彰显标志性，更为市民创造了有遮蔽性的室外活动场所。通过天窗形成水波般蜿蜒回转的线条，与景观水体交相辉映、一气呵成。自由的曲面、流动的线条，如运动的速度与力量连贯自然；漂浮的形态，始于形而不拘于形，如行云流淌天地间。

总体布局打破了传统体育中心的对称式，试图创造灵动自由的室内外空间。体育场、游泳馆及体育馆从北到南沿弧线布置。建筑单体之间"外放"形成大小多个主题活动广场，"内聚"与规划水体呼应，打造休闲体育公园，呼应市政景观轴线。集散广场下方设置独立地下车库，充分利用地下空间解决停车问题，将地面活动空间还于市民。

设 计 者：汤朔宁　钱锋　曹亮　林大卫　王明充　聂雨馨　苟欢　张泽震
工程规模：建筑面积约 95 874m²
设计阶段：方案设计
委托单位：格尔木市文体旅游广电局

鸟瞰图

总平面图

效果图

效果图

滨州国家羽毛球训练基地（山东省队羽毛球训练中心）
BINZHOU NATIONAL BADMINTON TRAINING BASE, SHANDONG

　　滨州国家羽毛球训练基地位于滨州市滨州市经济开发区，渤海二十一路西侧、渤海二十二路东侧、长江六路南侧和长江七路北侧。项目通过功能与景观的互动和串联，打造集"竞技赛事、专业训练、教育科研、培训交流、全民健身"五大功能于一体的现代化综合型国家级体育训练基地。

　　项目以"羽"翼腾飞，再续华章为设计理念，体育馆采用方正形体，柔化边缘，以典雅庄重的姿态展现城市地标。以竹简和羽毛为设计意向，展现兵圣故里的城市文化特色和独树一帜的羽球运动符号。富有韵律感地竖向金属结构错动环绕，如片片竹简徐徐展开，书写古往今来的故事、记录硕果可期的未来。自主体金属结构生长根根"羽毛"，将羽毛球运动以文化符号的形式融入建筑造型，增添一抹飘逸和灵动。寄托羽翼腾飞，再续华章的希冀，传播厚积薄发，载誉致远的体育精神。

设 计 者：钱锋　曹亮　林大卫　聂雨馨　苟欢
工程规模．建筑面积 02 000m²
设计阶段：方案设计
委托单位：滨州渤海科创城产业园有限公司

鸟瞰图

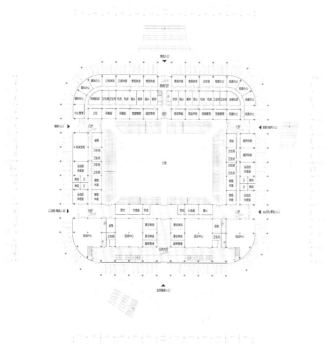

首层平面图

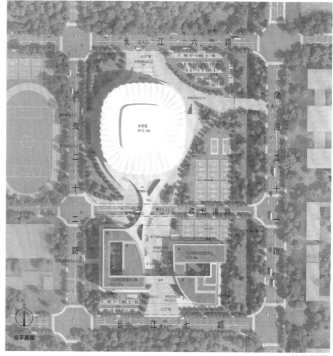

总平面图

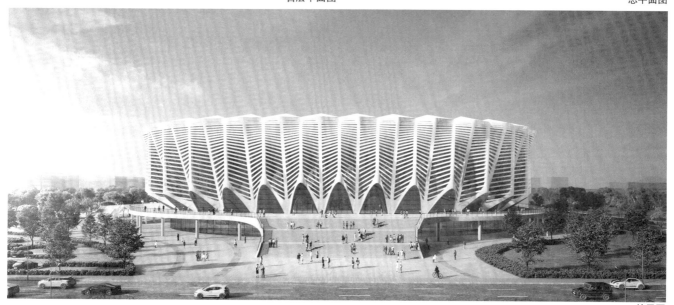

效果图

滨州市体育场与滨州市全民健康文化中心项目

BINZHOU STADIUM & BINZHOU NATIONAL HEALTH CULTURE CENTRE PROJECT, SHANDONG

本项目位于黄河十路以东、黄河十二路以南、奥体东路以西、渤海十六路以东奥体公园内，主要建设内容包括体育场、全民健身中心、地下车库以及相应附属设施。项目总建筑面积接近16.8万平方米，项目融体育赛事、教学、文艺演出、展览、市民健身、康体休闲于一体，力争打造成为滨州市全民综合性体育休闲公园，成为拉动城市发展的引擎。

本项目总体布局以南北方向为礼仪轴线，旨于"聚"于广场，"隐"于公园。其中体育场位于场地中心位置，使体育场成为整个区域的视觉焦点，打造原有湖面和体育场双核心的整体形象。全民健身中心居于轴线的东侧，与体育场和原有湖面之间形成活力广场。项目周围通过绿化运动公园串联，消弱建筑的体量感，消隐于公园之中。公园内部结合绿化设置了各种休闲，娱乐，健身的活动场地，为广大市民提供优越的室外活动休闲场所。

体育场的立面造型借鉴滨州海洋文化，将帆船剪影作为立面造型参考，抽象成虚实相间，颜色变化的多边形肌理，白色，浅灰色，深灰色的铝板交织在一起，形成独特的立面造型，像海上的一片片风帆扬帆起航。展现滨州唯美诗意，风景如画的海滨城市形象。通过帆船和海洋的立面造型引申出"起航"的含义，展现体育运动的力量与速度，允分体现了"更高、更快、更强"的奥林匹克精神。同时预示着滨州的体育事业正要扬帆起航，激发出滨州人民不断创造，厚积薄发的体育热情。

设 计 者：钱锋　邱东晴　林大卫　韩雨彤　孟庆超　张泽震　梁琦
工程规模：建筑面积 394 024m²
设计阶段：方案设计、初步设计、施工图
委托单位：山东滨盛文旅体育产业集团有限公司

鸟瞰图

透视效果图

夜景鸟瞰图

容东体育中心项目
RONGDONG SPORTS CENTER, HEBEI

　　容东体育中心位于雄安新区容东片区 H2-17-02 地块，占地面积约 5.20 公顷，场区北至 E3 路、东至 N7 路，南侧和西侧均为体育公园用地。总建筑面积约 35 632 平方米，其中地上约 16 632 平方米，地下约 19 000 平方米，座位规模为 9 000 座，其中西看台 7 500 座，东看台采用景观条凳 1 500 座。

　　容东体育中心服务于整个容东片区，满足区域内市民体育健身的需求，设有标准 400m 运动场地、真草足球场、辅助用房、看台、全民健身用房及地下停车场。本项目是相邻体育公园中的重要节点，将建筑融入景观，进行无边界、一体化地景设计，力求让使用者在运动过程中感受自然，发现乐趣。体育中心基座采用地景化处理，积极融入周边环境，与公园共同打造无边界的体育运动公园。将广场、绿地、河道、坡道、运动场地、休闲路径等元素糅合，打造一处为全年龄段所能共享的休闲运动理想场所。建筑西侧金属屋面结合立面一体化设计，面相开敞的绿地景观，使建筑成为容东片区城城市绿轴东端的收官节点，东侧看台设计中通过增加排距，植入绿化，提升群众体验，将传统的竞技性看台转变为景观性看台，体现了场所设计的群众性、趣味性。

设 计 者：汤朔宁　曹亮　韩雨彤　李阳夫　孟庆超　梁琦
工程规模：建筑面积 35 632m²
设计阶段：方案设计、施工图设计
委托单位：中国雄安集团城市发展投资有限公司

鸟瞰图

效果图

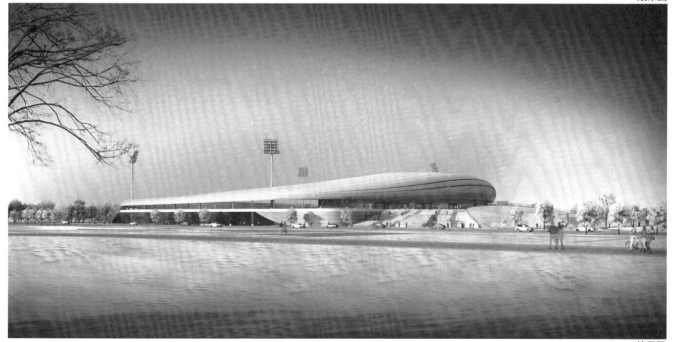

效果图

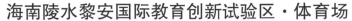

海南陵水黎安国际教育创新试验区·体育场
STADIUM IN HAINAN LINGSHUI LI'AN INTERNATIONAL EDUCATION INNOVATION PILOT ZONE, HAINAN

　　体育场位于滨水景观带中，西北面是 24 平方公里的新村港；设计采用三面看台环绕、一面对港湾开放的布局，与雅典奥林匹克运动场相仿，西北方向的开口，能形成夕阳西下、健儿运动的优美场景；在皓月当空的时候，又和唐诗中"海上升明月，天涯共此时"的意境相吻合，反映出国际教育创新试验区的开放、包容和独特。

　　体育场临水而建，可远眺新村港，在碧水蓝天下创造"孤帆远影碧空尽"的诗意景象。建筑整体低矮，一叶帆的动感形象作为观景平台成为一个 24 米高点，形成标志性。

　　体育场在设计上与滨海景观共享的公共属性相契合，在非比赛日向所有师生开放，自由进出，成为园区一大特色共享空间。这将成为美丽滨海校园的重要空间元素之一。

　　田径场设天然草坪足球场和塑胶跑道，室外露天看台三面围合，向海开口，可同时容纳 10 300 人观看比赛。四角设可升降灯杆和夜间球场照明，可晚上举行球赛和集会活动。体育场看台建筑呈三角形，地上 2 层，高 24 米，主要包括运动员用房、体育训练教室、主席台以及卫生间等附属用房，是一座学校体育教学训练使用为主、兼顾比赛和集会活动的综合体育场。

设 计 者：李振宇　董正蒙 等
工程规模：占地面积 4.89hm²　建筑面积 5 307m²
设计阶段：方案设计
委托单位：海南陵水黎安国际教育创新试验区管理局

鸟瞰图

透视图

室内效果图

深圳市国际大学园综合训练中心

DESIGN DF SHENZHEN INTERNATIONAL UNIVERSITY PARK COMPREHENSIVE TRAINING CENTER, GUANGDONG

深圳国际大学园位于大运新城，是深圳的"城市新客厅"，也是龙岗区确立的深圳东部中心核心区。本项目选址位于深圳市龙岗区国际大学园内。地块周边建设有香港中文大学（深圳）上园，深圳北理莫斯科大学等具有浓厚文化氛围的高等学府；有龙岗区体育中心，大运中心等具有活力人气的体育场所；也有龙口水库，大运公园，神仙岭等具有独特韵味的自然风光。

综合训练中心项目设计理念为"山水融合"，以场地为线索，以山水为原型，串联出以山为型，以水为景的建筑形式。应对建筑复合化、集约化的设计挑战，以自然式作为设计的设计着力点，以山为形态原型，塑造出绕山而上的路径体验，形成了建筑形式与人行活动的融合。以水为景，将水波纹的元素运用于立面，呈现出灵动的建筑形态，并于远景的水库相互融合。建筑造型顺应环绕向上之势，立面处理采用了寓意水波的流动理念，在提供了场馆内部良好遮阳的同时，形成富有变化的灵动气质。整体布局呈现东高西低、北高南低的序列感，弱化高层建筑对临水区的压迫感，凸显山的意向；有机的流线形态平台串联起各个功能组团，赋予水的灵动气质；同时在空中和地面设置绿植、水景、天田、屋顶花园等景观要素，构建多层次景观体系，塑造生态之城的形象。

设 计 者：汤朔宁　徐烨　乔林　刘洋
工程规模：建筑面积 77 503m²
设计阶段：方案设计、初步设计、施工图设计
委托单位：龙岗区建筑工务署

整体鸟瞰图

透视图

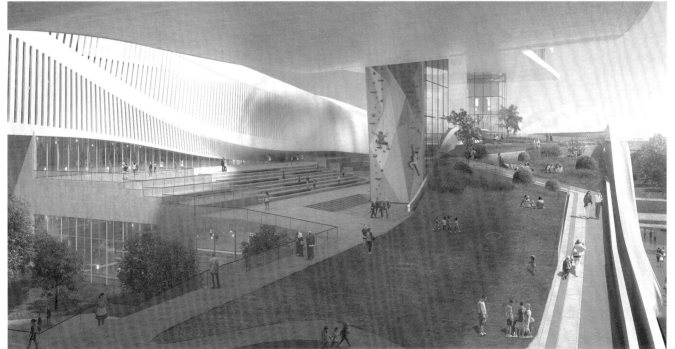

局部透视图

西安市体育训练中心
XI'AN SPORTS TRAINING CENTER, SHAANXI

　　西安市体育训练中心项目基地位于国际港务区地理中心，距离奥体中心 5 公里，作为 2021 年第十四届全运会运动代表队的集训和生活基地，兼具部分比赛备选场地的功能。

　　体训区整合成三个功能组团："生活区"以运动公寓为核心，含食堂、能源中心；"训练区"的四个训练场馆围绕生活区布置、"接待区"包括外训与科研康复中心和中专教室，作为体训中心和特色中学的衔版块。室内田径馆和游泳跳水训练馆位于场地中央，为整个地块的形象核心。设计中将具有竞赛功能或者可开放的场馆，设置在对外集散广场周边的地面层。其中生活区与训练区可先期建设，满足全运会基本需求，接待区跟进落地，体训板块功能得以完善，特色中学板块建成之后，由空中环廊连为一体，形成功能完整的运动训练基地。

　　外训交流中心、运动公寓、观光塔作为整个园区的三个高点，具有精神堡垒的作用，同时也是从片区外围领略训练基地的地标形象，在设计中融入了一定的精神寓意。观光塔台作为货运丝绸之路沿线可以看到的窗口形象，造型取意古典建筑中"阙"的造型，在建筑文化上寓意"门户"。学生和运动员在这里举办结业仪式，也寓意他们"从此走向世界，一鸣惊人"。外训中心和科研康体综合体借鉴了古代"玉琮"形象，以现代材料和建筑语言进行体现。

设 计 者：边克举　尹宏德　李欢瓅　李俊钞　黄汉杰　刘佳欢
工程规模：建筑面积 268 350m²
设计阶段：方案投标
建设单位：西安市人民体育场

鸟瞰图

内景透视图

室内透视图

全景透视图

雪景鸟瞰图

滨江船坞体育公园（一期）
RIVERSIDE WHARF SPORTS PARK, SHANGHAI

项目位于上海市浦西园区，为江南机器制造总局旧址，滨临黄浦江，坐落于世博轴之上，与梅赛德斯奔驰中心、中华艺术宫等重要文化建筑隔江相望。基地内保留有远望1号测量船，中国船舶馆、江南机器制造总局翻译馆和江南原址2号坞及远望1号测量船形成三位一体的展示平台，使江南原址成为集当代造船与军工、船舶与海洋乃至航天与航海等为一体的文化艺术博览圣地。

在新时代，对辽阔海洋的探索撩拨着人们心中的向往，不仅仅是海洋，更多代表未知的远方。在这样一个充满积极探索性意义的基地，项目旨在营造一个面向未来、面向未知、富于冒险的极限运动场地，激励未来年轻的一代去积极探索，勇于乘风破浪。

船坞体育公园是多种功能的"载体"，通过空间和体育休闲活动，催生了人与自然以及基础设施的流动交换。海洋氛围下的流动空间，使得人们在休闲娱乐的同时，不忘探索未知的空间，激发人们探索海洋的兴趣。在海洋体育运动公园，运动休闲与学习、与探索融合一体。体育公园的未来必将秉承其自然、开放、流动、富有探索性的特性，繁花之中再生繁花。因此我们提出的设计原则为："为精神享受而设计，为身体健康而设计。"旨在营造一个现代多功能的室外健身环境。

设 计 者：汤朔宁　钱锋　龙羽　胡博君　戴波　袁路　乔林　汪文正
工程规模：建设用地面积约 10 000m²
设计阶段：方案设计、施工图设计
委托单位：上海新黄浦资产管理有限公司

整体鸟瞰图

人视效果图

总平面效果图

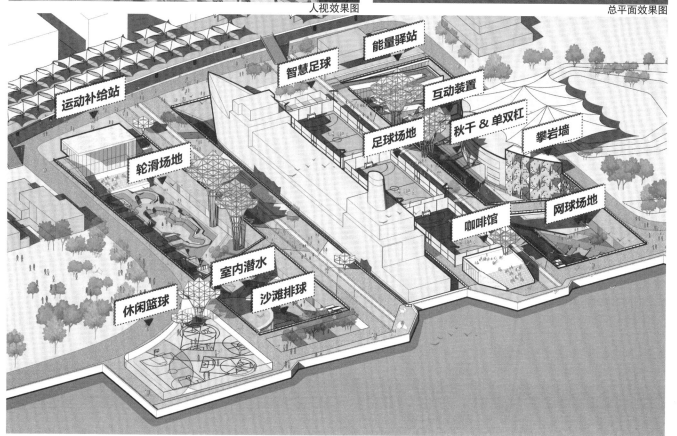

功能分析图

庆云市民健身中心
QINGYUN COUNTY CITIZEN FITNESS CENTER, SHANDONG

庆云市民健身中心是庆云县第一座文化体育综合体。项目用地位于庆云县南部，南邻庆云县第一中学，北邻庆云县市民公园，用地面积为28 610平方米，总建筑面积20 988平方米。本项目包含体育馆、游泳馆、文化馆及其他附属用房、办公管理用房、商业用房，体育馆设有标准室内篮球场，并可进行体操、手球、八极拳等体育项目的比赛和训练。该健身中心兼顾体育培训、大众健身、文化办公、休闲娱乐等需求，力求打造市民休闲乐园，是重要的产城融合纽带。

本方案以打造建筑与城市、文化与体育、人工与自然的纽带为设计愿景，"云下墨影"为设计理念从空间和形态两个方面进行立意。"云之影"——通过集约式、复合化的空间布局模式，形成开放共享的"云下"活动空间。"墨之形"——以刚柔并济、虚实相生、交错扭转的建筑形态表达力与美的相互融合，多元的建筑功能谋求产业与城市的共同发展。

本方案的总体布局呼应了城市界面，在北侧形成连续商业界面，能够服务市民和校园人群；东西两侧采用玻璃幕墙，面向城市景观；南侧功能界面设置多个出入口。同时，充分利用城市道路，并在场地内设置车道形成环路，减少交通负担。通过广场组织来自干道和支路的步行系统，再通过各功能区入口界面引导进入，使得场地内流线清晰明确，并对赛时人行流线进行有效分流。

设 计 者：汤朔宁　史泽道　陈琪
工程规模：建筑面积 20 988m²
设计阶段：方案设计
委托单位：庆云县教育和体育局

透视图

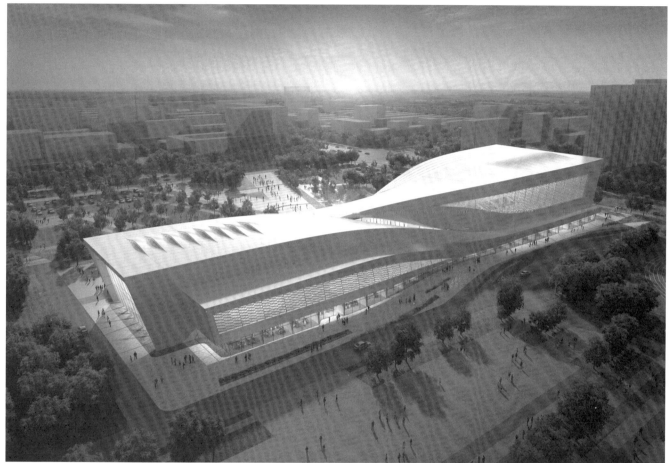

鸟瞰图

沿街透视视图

透视图

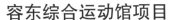

容东综合运动馆项目
RONGDONG COMPREHENSIVE SPORTS HALL PROJECT, HEBEI

　　容东综合运动馆位于雄安新区容东片区 H2 - 05 - 02 地块，占地面积约 0.94 公顷，基地北侧临 E1 路、南侧临 E16 路，东侧临 N19 路，西侧临景观水系。总建筑面积约 18 111 平方米，其中地上约 10 993 平方米，地下约 7 118 平方米，主要功能包含一个标准冰球场和四片室内标准篮球场，两片屋面设置的室外篮球场以及相应附属用房。本项目用地集约，体育场地采用叠合设计，通过进退变化的体量关系，营造丰富的屋顶平台、架空场地等有利于市民活动、健身、交流的多维空间，同时与相邻的儿童公园从景观、场地上进行一体化设计，利用下沉广场与公园退台形成相互交融、相互渗透的丰富的室内外场景。灵动变化的建筑体量削弱了常规体育建筑的压迫感，使其融入周围环境，成为富有亲和力的全民健身场所。

　　在建筑室内运动场地设计上，叠合的二、三层场地适应篮球、羽毛球、乒乓球等多种运动健身、训练、竞技的需求，实现最大化的利用。根据《容东片区综合防灾专项规划》，综合运动馆抗震设防烈度 9 度。考虑到粗壮的竖向构件会对场馆所有大空间使用带来不便，项目主体采用钢结构，并在方案初期，便确定使用减隔震措施，减少柱截面对紧张的平面过多的影响，同时保持了方案的轻盈性。采用隔震技术后，上部结构地震作用降低 60% 以上，可按水平地震降一度设计。

　　设计方案基于自身特定的功能需求和基地环境，选取"水畔磐石"之意向，试图采取纯净的几何体量，通过灵活错动的建筑形体，适应和表达内部多重休闲运动功能的空间需求，并结合多层次的屋顶平台、下沉庭院以及滨水步道、绿坡、休闲场地等室、内外重要节点空间，营造出景观、空间与行为的交融，体现全民健身、空间互动的设计理念，整体打造服务于该片区市民的滨水休闲运动场所。

设 计 者：汤朔宁　曹亮　韩雨彤　李阳夫　孟庆超　张泽震　梁琦
工程规模：建筑面积 18 111m²
设计阶段：方案设计、施工图设计
委托单位：中国雄安集团城市发展投资有限公司

鸟瞰图

透视效果图

效果图

中国民航大学新校区体育运动区组团设计
SPORTS GROUP IN THE NEW CAMPUS OF CIVIL AVIATION UNIVERSITY OF CHINA, TIANJIN

　　体育馆设计与民航元素巧妙融合，主馆形态犹如航天之翼，取自飞机起飞时的升腾之势，象征着这所高等学府未来欣欣向荣的发展前景。校园构筑物"航天云"将成为新校区的代名词，给刚硬的体育馆带来一丝圆润柔美的动感气息。悦动广场将成为校园最具人气的开放广场，本着共享的理念，提供交往、观剧等功能，向广大师生开放。此外，方案于二层屋面设置了不同标高的步行系统，学生可通过缓坡漫步于屋顶，通过布置屋顶篮球场、小剧场等元素活跃场所氛围，形成独特的空间体验。

　　体育馆采用理性实用的方形体量，造型简洁大气，体现了新时代高校体育建筑的科技感与力量感。体育馆外部包裹着透明的隔热玻璃和高绝缘性聚碳酸酯板，呈现出变化的透明度。白天能为室内带来柔和的自然光和街道视野，晚上则使建筑成为一个发光的"灯箱"。跃动广场上的"航天云"似是摇曳的云雾，让师生们想接近触碰，一探虚实。

设计者：汤朔宁　史泽道　徐烨　刘洋　乔林
工程规模：建筑面积 16 274m²
设计阶段：方案设计、初步设计、施工图设计
委托单位：中国民航大学

鸟瞰图

半鸟瞰图

游泳馆室内透视图

训练馆室内透视图

珠海金湾区体育中心概念方案设计

ZHUHAI JINWAN SPORTS CENTER CONCEPT DESIGN PRESENTATION, GUANGDONG

　　珠海市金湾区体育中心项目位于金湾次中心城，属于城市副中心之一，周边规划交通路网配套完善，本案东连通主干道机场东路，北侧港紧邻珠澳大桥延长线，通过三条待建桥梁连接航空城核心区，南侧有城市次干道呈祥路。该地块地处珠海市地理中心关键位置，是加强东西组团的关联要塞，对拉开城市框架、推动城市转型升级起重要作用，本区域体育中心的打造是当下珠海市的城市发展热点所在。

　　本案通过功能复合，集约高效用地，增加室外体育设施面积，打造多元化城市活动中心，建筑造型尊重文脉，呼应周边环境，形成鲜明的视觉形象，打造金湾新区城市新地标。对话本区域自然，有机组织绿化景观、广场空间、建筑设施创造健康舒适的体育中心建筑环境。

设 计 者：钱锋　奚凤新　袁路　余雪悦　陈晓峰
工程规模：基地面积 47 636m²　建筑面积 411 800m²
设计阶段：方案设计
委托单位：保利湾区投资发展有限公司

整体鸟瞰图

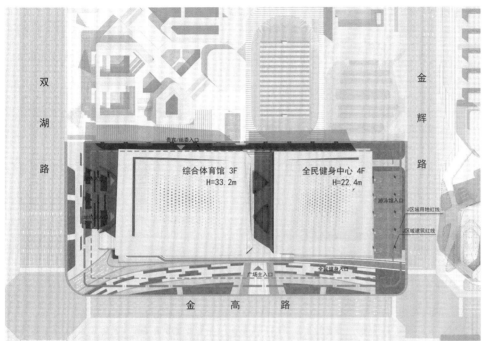

总平面图

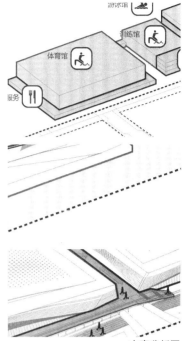

方案分析图

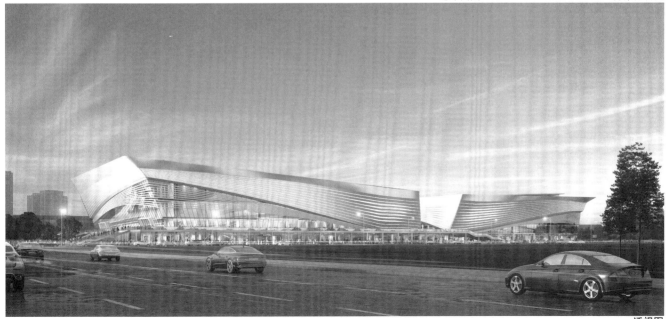

透视图

海南陵水黎安国际教育创新试验区·综合体育中心
COMPREHENSIVE SPORTS CENTER IN HAINAN LINGSHUI LI'AN INTERNATIONAL EDUCATION INNOVATION PILOT ZONE, HAINAN

综合体育中心中的游泳馆、体育馆和体育场呈品字形布局。两馆沿道路和绿轴相对规整,对地块内部活跃开放,与室外运动场地形成有趣的对答。

综合体育中心的设计以所在环境为出发点。借前湖后山之势,演化出前柔后刚的建筑形态。通过内外两层"壳"的环扣,形成了虚实变化的建筑立面。外层表皮以混凝土挂板塑造坚实的造型,面向城市界面,构成完整连续的建筑体量,凝练波浪和抛物线的图形元素在建筑外表皮上开启不规则的孔洞,使建筑形态更富青春动感;内层表皮采用 UHPC 加玻璃的双层幕墙体系,面向场地内部,既满足了建筑内部空间的采光需求,又形成了一定程度的遮阳效果,同时凝练自陵水当地图腾的 UHPC 纹样,随着时间的推移,在室内形成多样的光影变化。

游泳馆设置可开启外墙和屋顶,既可采光通风节能,又能根据天气调整空间气氛的变化。内设 10 条标准泳道的比赛池和高标准的跳水池,同时设置了训练池及比赛转播、赛事发布等功能房间。在满足学校日常训练功能的基础上,还可以举办正式的国际游泳和跳水赛事。

体育馆内设 3 735 座的主比赛场,配置了乒乓球训练馆、篮球训练馆、健身房等场馆,同时为满足比赛要求设置了一系列的赛事多功能用房,使体育馆不仅能满足学生的日常训练,同时能举办国际赛事、学校集会、演唱会等多种活动。

设 计 者:李振宇 徐旸 孙楠 陈曦 阚世钰 等
工程规模:用地面积:49 041m² 总建筑面积:33 096m²
设计阶段:方案设计
委托单位:海南陵水黎安国际教育创新试验区开发建设有限公司

综合体育中心鸟瞰图

综合体育中心透视图

游泳馆透视图

体育馆主入口透视图

游泳馆主入口透视图

游泳馆比赛大厅室内图

体育馆比赛大厅室内图

江西省射击运动管理中心整体搬迁项目
OVERALL RELOCATION PROJECT OF JIANGXI SHOOTING SPORTS MANAGEMENT CENTER ,JIANGXI

江西省射击运动管理中心整体搬迁项目，是江西省体育发展的重要举措。作为综合体育训练基地的一期，它具有示范意义和引领作用。

基地位于九江市庐山西海国家级风景名胜区，西临托山岩，北望修水，场地基本平坦。总用地约 300 亩，被中央的小型河道分为东西两侧。从东侧的易家何大道向北紧接省道焦武线。通过南测的温泉大道，可抵达临近山地中众多度假酒店和文旅设施。

射击运动管理中心，除了改善江西省射击队日常生活、训练和工作的环境、普及和提高射击运动的需要，作为新建的射击训练、比赛中心，更高的目标是未来能够承办地区级、国家级乃至洲际级专业赛事。同时，作为庐山西海景区范围内的大型公共建筑群组，在建筑形象特色和文、体、旅运营结合的层面，它都将成为引人瞩目的明星级示范基地。

射击运动管理中心落位在整个用地的南部，用地约 91 500 平方米，建筑面积约 3.4 万平方米。主要功能包括训练比赛用房、生活服务用房和后勤支持设施，既满足功能独立运转的要求，也是未来整个体育园区的有机组成部分。

设 计 者：边克举　尹宏德　唐振力　高玉轩
工程规模：建筑面积 33 380m²
设计阶段：方案投标
建设单位：江西省射击运动管理中心

鸟瞰图

总平面图

主入口透视图

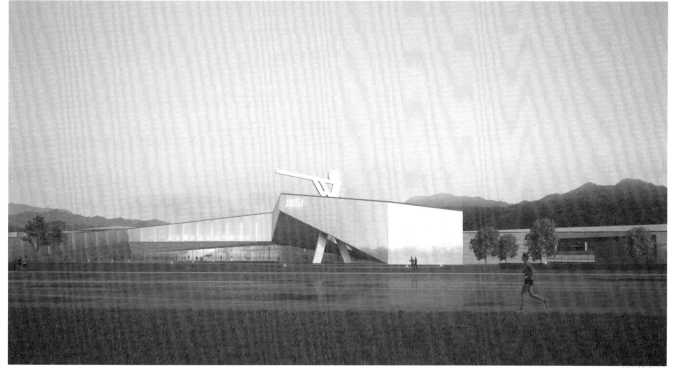

透视效果图

阿里巴巴江苏总部项目
ALIBABA JIANGSU HEADQUARTERS PROJECT, JIANGSU

项目位于江苏省南京市河西片区，西北方为规划中的市民中心，是河西 CBD 二期的重要组成部分。基地总共分为三个地块，地块 A 及 B 主要用作阿里自用办公及强弱生态圈办公等用途，地块 C 主要用作商业。

项目在规划的层面上首先尊重城市的肌理，借鉴周边已有的发展项目，扭转合适的角度，使得所有建筑能够有正南北的朝向，既很好地形成节能效应，又能够使每一栋建筑有开阳无遮挡的景观，并成功避免紧凑的体量对周边产生屏风效应。

办公立面尽量以简约优雅的立面构成回应高科技企业的形象诉求，窗墙系统一方面能够大幅度的降低造价，另一方面能够很好地达成节能的效果。外层玻璃表皮给予立面一个模糊的效果，使得立面层次更加丰富。不同颜色印花玻璃的设置，使各个办公楼都能有独特的个性，使得整个园区活泼不流于呆板，彰显阿里巴巴永远年轻向上的活力。

阿里总部大楼不以高度与周边的大楼做竞争，而是以自身强烈的个性鹤立在河西 CBD 片区。以大平层为出发点，设计鼓励更多员工之间的互动，体块的错落，形成了一系列的空中花园，其绿化一直延伸至室内的采光中庭，不仅为员工提供一个休憩空间，亦同时营造出一个可平衡建筑幕墙热量增益的缓冲空间。

阿里新零售商业的设计以宝盒的意向为出发点，目的是使得人们能通过探索发现激发人们购物的意欲。盒子的形式，其灵活多变的空间，更是一个最佳的载体，将线上零售与线下体验紧密联系起来。在外立面处理上，通过层级推进，错落有致的布局，其立体绿化的手法不但使人联想起著名的南京紫金山，更是能够创造大量的户外平台，为餐饮创造大量的休闲空间，从而大幅度提升单位商业价值，并能吸引更多的人流到高层空间。

设 计 者：汤朔宁　曹亮　王悦春　韩雨彤　奚凤新　王明充　李阳夫　胡博君　李娇娇
工程规模：建筑面积 35 632m²
设计阶段：初步设计、施工图设计
委托单位：传云网络科技（南京）有限公司

鸟瞰图

效果图

地平线总部办公（临港 K02-02 地块建筑方案设计）
HORIZON HEADQUARTERS OFFICE(ARCHITECTURE DESIGN OF LINGANG K02-02 PLOT), SHANGHAI

项目位于临港自由贸易试验区 K02-02 地块，位于整体规划中的科创研发总部湾区域，主要定位为以产业化为导向、研发功能为主导，形成全球创新网络的研发总部。

地平线人工智能技术有限公司主要通过人工智能算法和芯片设计能力，以设计开发高性能、低成本、低功耗的边缘人工智能芯片及解决方案，开放赋能合作伙伴。

设计立意与公司产品理念、发展愿景相结合，将曲折攀登理念、AI 数据计算特征通过建筑语汇表达出来，体现简约、素雅的建筑形象。

在有限的地块中，基于空间景观，创造了地面城市空间、垂直花园、空中露台三重层次景观，建筑场地紧邻滴水湖，具有良好景观条件，通过通过合理的建筑空间设计，可使使用者多方位、多层次地欣赏到滴水湖的湖景。一期与二期的各自对外的层次景观节点，即空中庭院和空中露台，都能远眺滴水湖。

立面设计两种立面系统及三类标准模块单元，便于施工安装和检修更换。考虑一期二期南北两块场地分期建设，南北建筑仅连廊相连。整体两期开发，同时二者各自保持功能完整性，亦可自成一体，单独运作。二期部分包含连廊、北面地块高层及对应地下室

设 计 者：汤朔宁　曹亮　徐烨　刘洋　徐星
工程规模：建筑面积 98 184m²
设计阶段：方案设计
委托单位：地平线（上海）人工智能技术有限公司

沿街透视图

小鸟瞰

鸟瞰图

庭院透视图

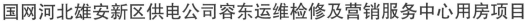

国网河北雄安新区供电公司容东运维检修及营销服务中心用房项目
OPERATION & MAINTENANCE & MARKETING SERVICE CENTER OF STATE GRID, XIONGAN, HEBEI

国网河北雄安新区供电公司容东运维检修及营销服务中心用房项目位于雄安新区容东新镇，是集智能营业厅、应急指挥、配网抢修和运维值守等功能的复合式供电服务网点。设计以绿色、生态、可持续为总体原则，充分尊重企业文化和地域特征，并对城市和自然环境做出恰当回应，以前瞻的设计策略打造雄安小型基础设施的新标杆。

设计基于项目功能特点和地形特征进行总体布局，从公共营业厅的可达性和标志性、运维检修的快捷性，以及业务管理的科学性出发，将营销服务大厅沿西南景观绿地水平展开，契合基地形态营造动人的服务空间；而运维检修主楼则采用矩形体量沿东侧布局，构成朝向景观主轴层叠退进的体量和空间关系，使建筑的整体风貌与城市景观在空间性上达成和谐。

空间及形态建构充分利用周边优越的景观资源，采取"垂直花园"的设计策略，以点、线、面多种形态界定具有丰富体验的竖向景观休闲空间序列，并由此激发场所活力。同时，深入挖掘行业底蕴，以"特斯拉线圈"作为初始概念展开整体形态设计，通过层叠错动的方式建构富于变化和明暗层次的立面意向，达成国家电网小型基础设施建筑独特的可识别性。

设 计 者：徐甘　康月　叶京杰　马权
工程规模：总建筑面积约 9 850m²
设计阶段：方案设计、初步设计、施工图设计
委托单位：国网河北雄安新区供电公司

鸟瞰图

南立面图

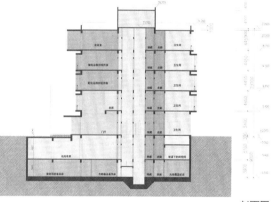

剖面图

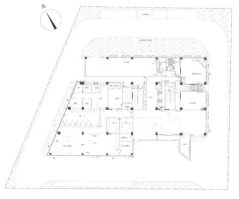

一层平面

三层平面

五层平面

启晟商务中心
QISHENG BUSINESS CENTER, JIANGSU

启晟商务中心位于启东市汇龙镇金沙江路北侧，建设南路西侧。基地西侧为已建成的启东市公安局业务技术用房。建筑规划用地面积 28 168 平方米，地上建筑面积约 38 500 平方米，地下建筑面积约为 25 000 平方米，建筑高度 88 米。

本项目由塔楼、1#辅楼、2#辅楼、裙房、连廊以及地下室车库组成，塔楼位于基地东侧，挺拔向上升起，形态组合富有张力，1#辅楼位于基地西侧，作为本项目与西侧业务技术用房总体设计的中心轴线位置，并通过连廊与周边建筑相连接。2#辅楼位于基地东北角，结合内部功能和外部空间变化形成退台空间。裙房沿东西方向呈 L 形布置，将塔楼与 2#辅楼串联起来。

建筑主要功能包括警营文化沙龙、对外服务大厅、办公、会议、托幼教室、活动室、客房、库房等。本项目作为西侧公安局业务技术用房功能的延伸，在总体上进行一体化设计，充分利用基地，统一整合广场和绿化，在场地布置上形成对称统一的秩序感，在空间上形成丰富变化的天际线。建筑立面提炼西侧公安局业务技术用房的元素，进行重新演绎，以竖向线条为主，通过运用玻璃、石材形成庄严大气、虚实相间、富有韵律的建筑效果，营造现代、挺拔、纯净的建筑形象。

设 计 者：汤朔宁　曹亮　林大卫　李阳夫　张泽震　方正欣
工程规模：建筑面积 63 500m²
设计阶段：方案设计、施工图设计
委托单位：启东市忠诚信开发建设有限公司

鸟瞰图

一层平面图

效果图

效果图

金融集聚区建筑方案
ARCHITECTURAL DESIGN OF FINANCIAL CLUSTER AREA, YANGZHOU, JIANGSU

项目用地位于仪征市滨江新城核心区，用地四周均为城市道路，交通便利。基地周边景观资源优势突出，特别是西南角方位，隔街相望就是东园湿地公园，整体环境优美。

遵循城市设计控制要求，本方案沿西侧建安路和南侧解放东路城市干道布置银行网点，在北侧靠建安路方位布置办公塔楼 A 座，在东南侧方位布置办公塔楼 B 座，形成建筑沿街布局的"L"形结构关系。自然而然在基地内侧，即基地东北角形成可与周边建筑共享的景观公园。通过本项目的建设，完善中心区域的商务办公和金融服务配套，提升城市的环境及品质，创建充满活力的城市空间。

1. 创造一个集聚地：本项目将在区域内创造一个重要节点，使其成为滨江新城区的金融网点、商务洽谈、商务办公、金融服务等功能的集聚地。
2. 创造一个新门户：强化本项目对整个滨江新城区的推动和导向作用，塑造仪征城市的新形象，彰显城市魅力。
3. 创造一个强联系：充分尊重仪征中央商务区城市设计理念，建筑组群的设计和上位规划一致，强调建筑互相之间的协调对位和互动关系。

设 计 者：胡军锋　高广鑫　董天翔　张君　张鹤鸣
工程规模：建筑面积约 120 000m²
设计阶段：方案设计
委托单位：仪征市建泰房地产开发有限公司

鸟瞰图

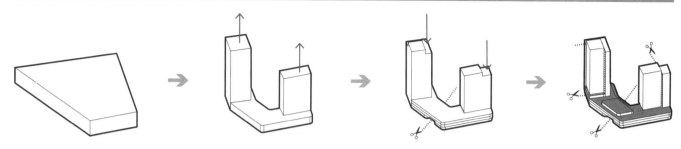

形态生成

透视图 1

透视图 2

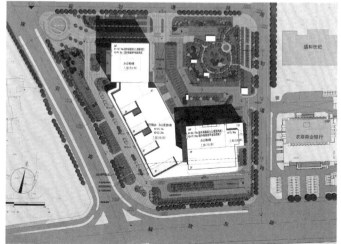

总平面图

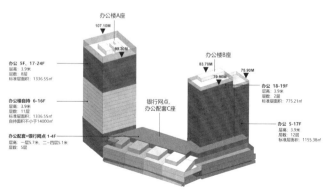

功能分析图

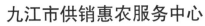

九江市供销惠农服务中心
JIUJIANG SERVICE CENTER OF CO-OP, JIANGXI

　　本项目用地范围的周边限制条件较为苛刻。在总体布局中，通过简洁的形体有效的组织交通，在提升地块的城市形象的同时，也为周边居民提供便利的服务设计。

　　建筑形体简洁，采用水平面的商务体量和垂直面的宾馆体量，以达到建筑和城市景观的和谐共生，共同服务于城市环境的目的。

设 计 者：刘敏　于冬亮　江浩　杨津宇
工程规模：建筑面积 28 243m²
设计阶段：方案设计、初步设计
委托单位：九江兴农服务有限公司

鸟瞰图

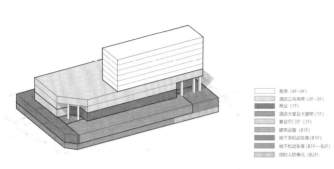

客房 (4F-9F)
酒店公共用房 (2F-3F)
商业 (1F)
酒店大堂及大堂吧 (1F)
宴会厅门厅 (1F)
建筑设备 (B1F)
地下非机动车库 (B1F)
地下机动车库 (B1F--B2F)
战时人防单元 (B2F)

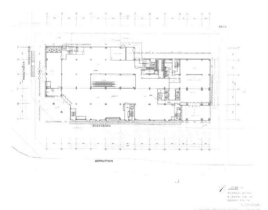

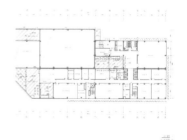

一层平面   二层平面   三层平面

中辰·绿谷创新科技园建筑方案

ARCHITECTURAL DESIGN OF ZHONGCHEN LÜGU INNOVATION SCIENCE PARK, ANHUI

中辰·绿谷创新科技园位于合肥市与长丰县交界处，庐阳经开区北侧，阜阳北路与北城大道交口西北，总占地面积约2.34hm²。规划建筑设计布局不局限于传统内聚型园区的改良，更在于促成一种开放共享、面向未来的城市产业综合体的形成，使科技园成为辐射合肥乃至安徽省的创新平台。

设计将园区内部核心景观引向周边城市，复合性生态呈立体布局，自然切分出规模适宜的各大功能组团，实现了景观内部环绕及与城市外部共享。各组团道路交通便捷，内部实现人车分流，通过核心景观成为有机整体，形成业态、空间、景观、交通等层面与城市的多维链接，塑造"产城一体"的融合环境。科技园底层开放的空间形态联系内部景观与"创意广场"，单元串联的空间提供各类大尺度的功能平面，以极佳的适应性及灵活性应对企业需求变化。阜阳北路与东方大道的地标建筑形态挺拔，灵动独特，与水平舒展的裙房一起，构成了城市级别的建筑景观，体现园区的整体形象。

设 计 者：胡向磊
工程规模：建筑面积 86 810.93m²
设计阶段：方案设计、初步设计
委托单位：安徽中辰投资集团

鸟瞰图

中辰·绿谷

效果图

总平面图

剖面图

扬州车五地块概念方案设计
CONCEPT DESIGN OF CHEWU BLOCK IN YANGZHOU, JIANGSU

　　本地块位于扬州市 E7 控制性详细规划单元内。设计从城市、区域不同尺度，对空间、业态、交通、环境分析研究，确定办公、社区精品商业、精品酒店和多功能宴会厅的业态配比，通过现代建筑语言对传统元素进行再创作，提炼扬州园林中的太湖石假山元素，结合传统堆山叠石的造园手法，转换为现代建筑的错落穿插和层叠退台语言，建筑与景观紧密相连，再现园林，还原游园体验，为现代商业增添雅致的空间感受。

　　主体退台式双塔楼简洁的横竖线条重塑了城市天际线，使得 80 米塔楼挺拔修长。形状不一的商业体量围绕主要商业街错落有序排列，犹如一座座园林叠石，创造出多层次、多角度、多样性的空间视觉感受。运用当代材料，融合传统丝绸肌理和涓涓细流意向，建筑体量变化的同时也提升了整体商业价值，打造出新的地景景观，为市民提供了一个热闹的活动场所。

设 计 者：胡向磊
工程规模：建筑面积 90 097.79m²
设计阶段：方案设计
委托单位：扬州市杭集高新投资发展有限公司

鸟瞰图

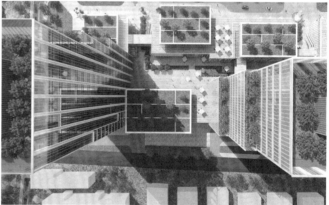

效果图

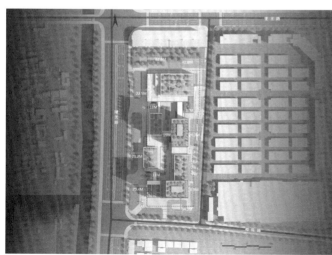
总平面图

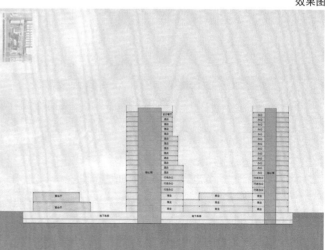
剖面图

甘肃公交建集团善建·金城中心项目
GANSU ROAD CONSTRUCTION GROUP MANAGEMENT HEADQUARTERS OFFICE BUILDING, GANSU

项目基地位于兰州市城关区，东临佛慈大街，南至五一山西路亚太花园，西为甘南花园，北侧为五一馨苑。用地面积约93.37亩。建设内容包括公交建集团总部基地和商品住宅两大版块。总部基地，包括高层办公、酒店和商业服务等，地上建筑面积约6.8万平方米，建筑最高100米。地下2层，主要为车库和后勤设施。商品住宅以高层住宅为主，包括6班幼儿园、会所、助老中心等社区服务设施，地上建筑面积约14.4万平方米，最大高度80米。

总部建筑背山面河，遵循对称的礼仪轴线，向两翼展开。沿佛慈大街的高层和小高层建筑，前后错落，进退得当，形成具有开放姿态的街道界面。次要体量烘托主要体量，蕴含空间礼序。

建筑设计以国际水准的前沿审美为标准，总部建筑群呈现简洁有力的"山"字形，塔楼的阶梯式造型，借鉴传统文人悠游山水之间的生活情景。塔楼体型渐高渐收，减少对街道的压迫感。立面采用参数化设计的水纹韵律，寓意"黄河之水天上来"。竖向为主的构造细节，自洁性好，适合频繁扬尘的西北气候。

设 计 者：边克举　尹宏德　李欢巚　康琪　高玉轩　李铭洲
工程规模：建筑面积 286 697m²
设计阶段：方案设计
建设单位：甘肃驼铃工贸发展有限公司

透视效果图

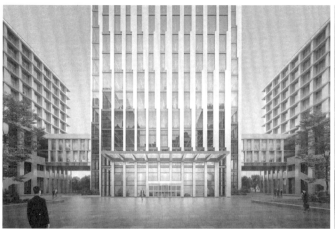

主入口透视图

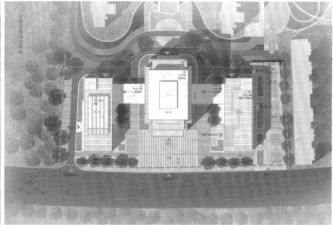

总平面图

鸟瞰图

步步高创投产业园

BBK VENTURES INDUSTRIAL PARK, JIANGSU

　　项目位于吴江经济技术开发区，城市道路条件良好，北侧靠近轨道交通 4 号线，西侧靠近苏嘉杭高速，周边交通极为便利。设计理念以营造生态型花园式产业园区，搭建楼宇经济平台，建立高品质综合服务配套为目标，整体打造工作 + 生活的产业园模式。

　　以生态型花园式产园区空间为主，以高效节约的工作模块为产业园厂房(研发)空间，分区布置的方式形成舒适生活、高效研发的格局，通过生态、多变、丰富的生活区 + 高效集约的厂房（研发）空间形成对人工智能、大数据、云计算、互联网 +、移动终端 + 等技术研发相关企业的高强吸引力。通过园区组合平台建设在集约的空间内汇聚人才流、资金流、信息流创造持续的就业与税收，形成财富聚集；以创意智能型园区总体定位与吴江当地的传统产业和制造业相互依托，协调发展，以步步高的行业背景与影响力，吸纳相关上下游产业链入园，并以多种空间组合来应对不同企业与企业不同发展阶段的需求。

设 计 者：黄一如　刘毓劼　王婷婷　阚明
工程规模：建筑面积 138 041m²
设计阶段：方案设计、扩初设计、施工图设计
委托单位：江苏百胜步步高置业有限公司

鸟瞰图

透视效果图

多层透视图

普利特赵巷新材料产业园
SHANGHAI PRET NEW MATERIAL INDUSTRIAL PARK, SHANGHAI

产业园选址在赵巷商业商务区 C1–08 地块，项目范围为：东至新通波塘，西至嘉松中路，南至盈港路，北至汾泾支河。

项目规划以普利特上市公司全球总部为核心，依托普利特全球业务资源，联合或引进在新材料产业及上下游优秀企业，打造面向新材料产业的先进生产性服务业园区。

为满足企业各阶段业务发展的需要，园区总体规划了四类功能楼栋：总部大楼、商业办公楼、独栋办公楼和专家楼。总部大楼为园区中的核心建筑，位于园区景观中心的位置，其他楼栋成组、成片或成带设于总部大楼外围。

总部大楼的形态以材料分子结构形态为设计概念，通过建筑内庭院、下沉广场、水景汀步等空间及景观设计为总部大楼赋予活力，使之成为具有生命力的建筑空间集合体。同时，周围的建筑组团围绕总部大楼核心区有序布置，共同营造了一个有机的、有凝聚、有活力的高新科技产业区。

设 计 者：李茂海　李乾　谢立伟
工程规模：建筑面积 89 000m²
设计阶段：概念方案设计
委托单位：上海普利特复合材料股份有限公司

鸟瞰图

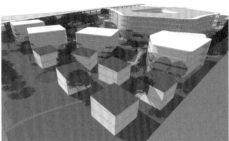

专家接待区效果图

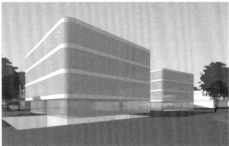

独栋办公楼效果图

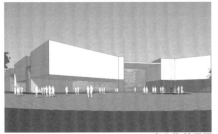

商业街效果图

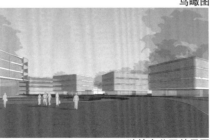

独栋办公区效果图

滨水景观效果图

普利特总部办公	20,000 ㎡
企业总部	23,000 ㎡
商业	14,600 ㎡
独栋办公	2,700 ㎡
企业会所	3,000 ㎡
专家楼	1,900 ㎡
地下停车库	22,800 ㎡
地上总建筑面积	57,000 ㎡
地下总建筑面积	31,000 ㎡

总平面图

平面示意图

参考意像图

长江·金港荟科技广场方案设计
ARCHITECTURAL DESIGN OF CHANGJIANG·JINGANGHUI SCIENCE AND TECHNOLOGY PLAZA, JIANGSU

  地块位于扬州市 S4 "八里片区" 控制性详细规划单元，是集合商业、办公等多业态，以体验为主的智慧型商业综合体。方案顺应基地南北向窄、东西向宽的特点，在满足规划控制的要求下，充分利用土地，通过增加公共活动空间、集中绿化、提升建筑空间品质，其简约大气的外在形体内蕴藏丰富多变的内在可能性。主体建筑中设置中庭，利用扶梯台阶等将中庭步行街商业功能串联，直通屋面景观广场。建筑多样空间层次与趣味新奇的屋顶花园结合，丰富空间体验。西南角设置商业内步行街入口，通过架空活动空间将人流导入二层、三层的商业区，完整的流线激活了商业功能，也促进了屋顶花园的公共活动氛围。

设 计 者：胡向磊
工程规模：建筑面积 48 967.83m²
设计阶段：方案设计
委托单位：扬州九龙湾置业有限公司

鸟瞰图

效果图

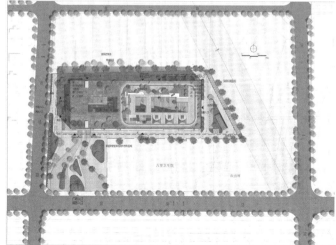

总平面图

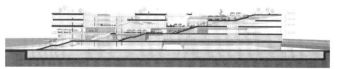

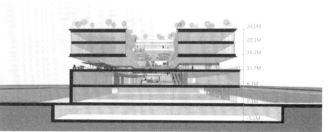

剖面图

兖矿新能源研发创新中心分析控制中心

ANALYSIS AND CONTROL CENTER OF NEW ENERGY R&D DEMONSTRATION BASE OF YANKUANG GROUP, JINING, SHANDONG

　　本项目位于济宁邹城市兖矿新能源研发示范基地内，示范基地规划建设为"3区4中心"，"3区"即煤气化制氢工艺示范模型展区、新能源发电示范展区、燃料电池车辆展区及试驾区，"4中心"即分析检测中心、智能控制中心、产业展示中心、智能服务中心。

　　本项目为兖矿新能源研发示范基地内的分析检测中心，主要功能定位为新能源化验分析。建筑中部主要为主门厅；建筑西侧一楼主要布置系统控制监控中心和智能电网调解中心，二楼布置多功能分析中心；建筑东侧一楼主要布置天平分析室、资料室、更衣室、休息室及分析室，二楼主要布置分析室、产品检测室以及环保检测室。

　　结合兖矿集团企业特色，设计立意为"氢立方"，通过立方体的有机穿插和组合，呼应氢原子组合为氢分子的结构模式，用钢结构框架来统一跳动的建筑体块。建筑外立面主要采用浅灰色金属铝单板，清新而淡雅，具有科技感，以呼应新能源清洁高效的特点。同时采用不同尺度及标高的绿化庭院构筑绿色办公氛围，创造丰富而有特色的室内外空间体系，为新能源（尤其氢能源）分析控制和研发提供高标准高品质场所。

设 计 者：胡军锋　晏正希
工程规模：建筑面积5 964m²
设计阶段：方案设计、初步设计、施工图设计
委托单位：兖矿化工有限公司

鸟瞰图

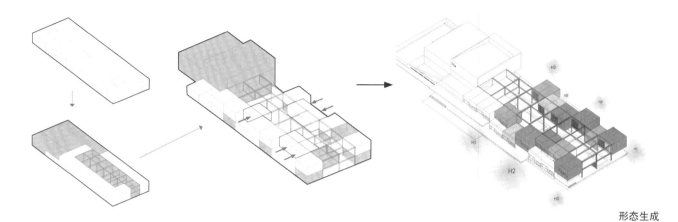

形态生成

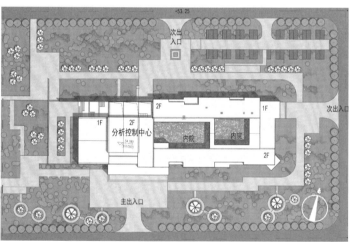

总平面图

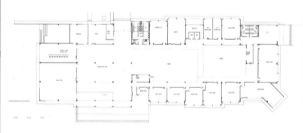

一层平面图

透视图

透视图

舟山市花鸟文化综合市场建筑方案设计
ARCHITECTURAL DESIGN OF ZHOUSHAN FLOWER AND BIRD CULTURE COMPREHENSIVE MARKET, ZHEJIANG

　　项目用地位于舟山市定海区,用地现状呈南低北高、南北向高差21米,东低西高、东西向高差13米;政府希望突破传统大棚里的花鸟市场现状,旨在建造一个集休闲、娱乐、商业多元化"公园里的花鸟市场"。

　　依山傍水、随山就势:方案设计结合现状地形,以赵伯驹江山秋色图中弧形廊道为设计原型,随山就势,交错相扣串联布置,形成多层次的围合院落空间;将规划中的线性水渠转化为庭院内景观水系,由北至南,由高至低串联布置;

　　共享空间、多元融合:花鸟市场不仅仅是花鸟鱼虫的展示场所,又是风景秀丽的山地公园,也是市民休憩放松的空间;还是登山休闲的景观廊道,未来必将成为网红追捧的人气聚集地,成为舟山的城市名片。

　　十二时辰、功能变换:花鸟市场的功能将随着时间的推移而产生变化,是市民可以尽情呼吸林间空气的晨练公园,开市后是花鸟鱼虫爱好者交流买卖的聚集地,白天将成为旅游度假人群竞相前往的打卡地,夜幕降临后还是市民休闲娱乐的场所。

　　鸟语花香、四季四景:随着季节变换,花鸟市场将呈现不同的四季景象。万物更新、生机盎然、草木青青、鸟啼虫鸣的春天;炎炎盛夏有潺潺山泉、百花齐放、林冠茂盛;在秋凉阵阵、明月高悬时,庭院内硕果满枝,落英缤纷;寒风萧瑟的冬天里山石嶙峋、傲梅落雪。

设 计 者:李振宇　成立　徐旸　肖国文　孙楠　黄嘉璐　孙丽程　等
工程规模:基地面积 26 132m²　建筑面积 21 867m²
设计阶段:方案设计
委托单位:舟山市定海城区建设开发有限公司

整体鸟瞰图

《江山秋色图》赵伯驹

廊院鸟瞰图

廊院鸟瞰图

透视图

ZX050520-01 地块（青果巷二期项目 F 区）
DESIGN OF ZX050520-01 PLOT (QINGGUO LANE PHASE II PROJECT ZONE F) IN CHANGZHOU, JIANGSU

项目为连续折线屋面，每组单体采用当地双坡出挑瓦屋面，为融入周边传统建筑肌理，坡屋面脊线与青果巷整体屋面脊线方向相平行，中间以曲折的游廊串联，整合为连续的多折双坡建筑群。

多重院落体验：酒店主入口即位于北部，参观动线将史良故居纳入精品酒店入住的完整体验中。六组客房体量呈群落式布局，一层庭院空间与建筑体量相平行，二层通过退台处理创造二层院落。

传统山墙立面：建筑山墙比例以及窗洞形式源于常州传统民居山墙，一层还原了当地青砖砌筑的做法，二层运用浅色 GRC 板材模拟白墙效果。

设 计 者：李振宇　宋健健　邓丰　王达仁　卢汀滢　吴文珂
工程规模：建筑面积 11 457.36m²
设计阶段：方案设计、初步设计、施工图设计
委托单位：常州市晋陵投资集团有限公司

青果巷项目鸟瞰图

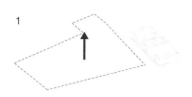

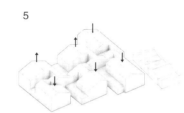

青果巷项目形态分析图

青果巷项目和平北路沿街透视图

东风会客厅——蜂巢酒店
DONGFENG PARLOR—HONEYCOMB HOTEL, SHANGHAI

　　为了最大程度发挥场地的特色，蜂巢酒店区域将客房隐藏在了原生态的树林中，营造与自然环境相融合的整体氛围。漫游在花间平台，居住在林间月下，在崇明生态岛感受不同于其他酒店的独特住宿体验。

　　为满足后续开发的灵活性，采用了模块化建筑这一先进理念进行设计，3.8米×9米的单元模块是常规公路可以运输的最大模块，在尺寸限制的条件下设计进行了内部布局的多轮研究，确定了套房、标房两种单元模式，并且全部有工厂预加工完成。虽然使用重复的单元，但是以六边形的组织方式进行了排列，保留了大量的场地植被，也提供了公共活力点。居住模块在形体拟合了老场部既有建筑坡屋顶的建筑元素，在材质上采用铝板复合材料，与相邻的未来展示馆颜色相统一，营造了和谐相融的整体氛围。

设 计 者：章明　张姿　肖镭　范鹏
工程规模：总建筑面积约 1 000m²
设计阶段：方案设计、初步设计、施工图设计
委托单位：光明房地产集团股份有限公司

黄昏景

晨景鸟瞰

满足运输条件的最大尺寸预制模块

模块室内布局1

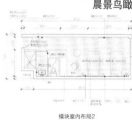

模块室内布局2

树木环绕的基地环境

布局1 规整的并列式布局与自由分布的树木冲突

布局2 合院式布局无法与场地树木协调

蜂巢型六边形布局与树木建立亲密的互动关系

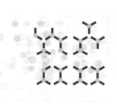

在六边形交点处置入中心公共空间连接体量

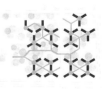

游目观想，置入轻质漫游步道，接引建筑与风景

总平面生成图

长宁县竹味双河人文古镇·竹食餐厅
BAMBOO BANQUET RESTAURANT, SICHUAN

项目位于四川省宜宾市长宁县双河镇。双河镇地处长宁县境南部，因为有东西两溪环绕古镇而得名双河。古镇距离东北侧的蜀南竹海风景名胜区仅有15公里，周边群山环绕，生态资源极其优越。双河镇紧邻古宜高速，交通便利。基地靠近地块中心，南接滨州大道，北面有竹林和溪水。建筑占地面积约1600平方米，功能为餐厅。

四川传统建筑用院落空间组织空间流线和序列关系，形成空间之间丰富的虚实对比以及室内外互动的关系，反映出儒家思想下中国文化含蓄内敛的特质。本设计体量围合形成竹院，强化轴线，形成"室外–灰空间–室内"空间层次。四水归堂的庭院唤起宾客心中传统空间的记忆，庭院空间实现了室内外活动的互动。人可以在竹林中享宴。在地材料的选择使建筑更好地融入了环境，呈现出极具自然趣味的视觉意向。中心庭院的竹构架通过现代工艺与技术对传统材料进行再利用，强化庭院的空间领域感，源于自然又凸显于环境之中；北侧散布的竹亭被竹林围合，孑然独立。宾客在竹中用餐，体验与自然合一的境界。由竹子叶片脉络转译而来的竹木结构成了设计中的关键元素，应用于竹园内的空间构架、二楼的主要支撑体系及竹亭的主要结构。在营造出餐厅亲和特质的同时以独特的造型给人留下深刻印象。综合考虑施工工艺的成熟度、工期、造价等因素，建筑一层外立面选用当地出产的石灰岩，小块砌筑以呼应当地独特的喀斯特石林风貌景观。

设 计 者：蔡永洁　曹野　曹伯桢　董紫薇　朱惠子
工程规模：建筑面积1816m²
设计阶段：方案设计
委托单位：长宁县城市建设投资有限公司

鸟瞰图

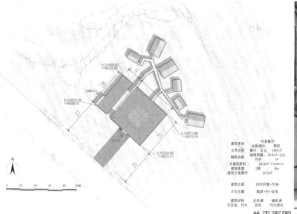

建筑单体
主导功能　　竹舍餐厅
辅助功能　　餐厅　会议　1201㎡
总建筑面积　居居客房　614㎡+216
　　　　　　竹亭　　㎡
建筑基底面积　　　　1816㎡　㎡
建筑高度　　　　　　8m
建筑占地面积　2层
　　　　　　　1574㎡

建筑立面　　　四水归堂+竹林
文化主题　　　　　版院+竹+饮食
建筑材料　　主色调　　辅色调
石灰岩+竹木　灰色　　竹木原色

总平面图

内院效果图

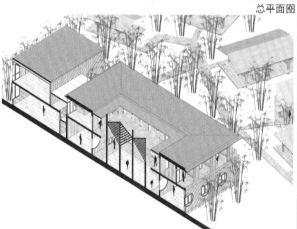

轴测剖视图

效果图

主立面图

邢台市褡裢机场航站楼概念性方案设计

XINGTAI DALIAN AIRPORT TERMINAL ARCHITECTURE DESIGN PROJECT, HEBEI

邢台机场位于邢台市下辖的沙河市褡裢镇，距离邢台市中心约18公里。这是以原海军褡裢（Da Lian）机场为基础，建设军民合用的机场工程。机场现状包含一条长2 600米、宽69.5米的跑道；一条长2 600米、宽16米的平行滑行道；跑滑之间设4条联络道；2个起飞线停机坪和1个环形停机线机坪。项目规划总用地面积9 670平方米，拟分为两期建设，进行近远期的规划设计。规划结构上中轴对称，建筑形态上相辅相成，构建大气磅礴的整体布局。本次重点为一期航站楼及总平面的规划设计。总平面布局采用中国传统的中轴对称及序列空间，沿场地中轴布局入口广场及航站楼，由景观广场、停车区、航站楼及登机区，形成层层递进的空间序列，强化建筑的视觉效果。

建筑内流线清晰明朗，带给旅客高效、舒适的空间体验。出发区与到达区的垂直交通分别配备一部扶梯，一部楼梯及一部无障碍电梯，同时设置一部贵宾专用电梯。建筑立面意向源自中国传统山水画，造型抽象邢台的"山水"意境，屋面起伏如山水绵延，"如鸟斯革，如翚斯飞"。在立面设计中提取中国传统建筑元素：屋面色彩为中国传统正色之首的黄色，彰显门户之意；屋面样式取营造法式中举折与升起的做法，展现腾飞之姿；构建方式抽象邢台传统屋架，创作出具有邢台传统神韵的现代机场航站楼。在建筑选材及色彩设计彰显中国传统文化意蕴，屋面采用金色铝板屋面，玻璃幕墙采用中空Low-E玻璃，屋面构架采用仿木色金属构架。

设 计 者：吴庐生　张健　黄丹　张爱萍　陈武林　沈复宁　王慧　朱兴宇　葛成斌
工程规模：规划用地面积约9 670m²　总建筑面积6 289m²
设计阶段：方案设计
委托单位：邢台机场建设有限公司

整体鸟瞰图

一期航站楼透视图

二期航站楼透视图

二期航站楼透视图

旅客流线示意图

一层平面图 1:100

航站楼一层平面图

郑州小李庄客运站"站城一体"方案

"STATION - CITY INTEGRATION" SCHEME DESIGN OF XIAOLIZHUANG RAILWAY HUB, ZHENGZHOU, HENAN

　　小李庄站位于河南省郑州市管城回族区,是郑州铁路枢纽"四主"客站的收官之作,也是郑州主城南拓战略的关键。车站按照"铁路下沉"和"站城一体"原则开展设计工作。

　　项目创新点:

　　1. 通过铁路下沉7米,城市基面上抬4米的"半地下"创新设计,满足铁路客、货运需求,小李庄站目前办理的京广铁路作业未来将转入地下,是我国首创的大型铁路客运枢纽地下站场、地面站房方案。目前已获得省、市认可,进入向国家铁路总公司报批可研阶段。

　　2. 铁路车站与城市开发无缝整合。铁路下沉后,紧邻车站区域进行上盖开发,东西向通过二层城市通廊和地下广场连通,南北向直通轨上中央公园,形成步行畅通、立体衔接、紧凑高效的轨上综合开发。

　　3. 融合铁路运输、城市通勤、市民需求的整体空间设计。设计综合考虑了铁路枢纽的快速进出站、无缝换乘和应急疏散等需求,同时兼顾地铁对城市发展的拉动,市民对公共空间、消费空间的需求,车站融入城市整体框架,形成高效"节点"+宜人"场所"。

设 计 者: 庄宇　陈杰　黄凯　张少森　罗益德　吴景炜　吴睎
工程规模: 车站核心街坊占地22hm²　总建筑面积约800 000m²(地上、地上分别为400 000m²)　铁路站房面积约80 000m²
设计阶段: 方案设计、概念方案设计
委托单位: 郑州地产集团有限公司

鸟瞰图

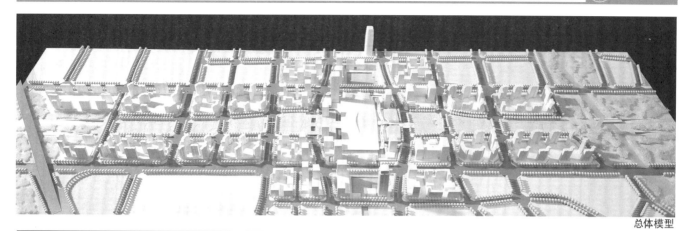

总体模型

候车厅　　　　　　换乘中心　　　　　　立体通廊

剖切模型

中石化一号加油站
NO.1 SINOPEC GAS STATION, TAICANG

  中石化一号加油站位于苏州河边上滨河景观带之中，靠近黄浦江与苏州河的交界处，其原址为1948年建成的中国第一个国有的加油站。原有加油站的模式为经典的超市办公加上钢结构罩棚的模式，缺乏公共性和通透性；总体动线组织上，加油的机动车流线同公众流线之间缺乏适当的分流；功能上，绝佳的景观资源无法被单一的超市与加油功能所利用；文化资源在原有的模式化的加油站上也难以有与众不同的体现。因此我们在设计中的重点在于如何对于原有的加油站的模式有所突破，形成一个公共通透、动线合宜、功能复合、当代语境的基础设施加油站建筑。

  加油站的设计从滨河景观带的梳理开始，将原有的南侧混合动线拆解为南北两条动线，行人从靠近河边的北侧绕过加油站，加油车辆从南侧出入。拆分流线后，加油站的公共方向也由原来的南侧变为南北两侧，刚好同城市–滨河景观的通透方向一致，从而确定了南北贯通通透的建筑方向，最大程度地消解加油站建筑对于滨河景观的阻隔。加油站分为一虚一实两个体量，虚的为加油棚架，实的为站房。不同于以往的两个异质的完全功能化的处理方式，在设计中，希望两个体量更加统一，共同形成建筑的形态塑造。每组折板一端顺延落地，另一端以一排立柱支撑，进一步凸显折板的形态特征。钢结构折板显示出轻盈和简洁的状态，落地的混凝土折墙则在对比之下，更加呈现出精致有力的空间感受。由于加油的功能需求，加油站的棚架具有一定的跨度需求，考虑到折板形态具有增加跨度的作用，具有结构理性和视觉特征一体化的特点，因此建筑被构想成为一高一低的两组从地面翻折而起的折板，高的一组折板容纳了二层站房的功能，一楼为超市，二楼为咖啡厅，略矮的一组折板覆盖了加油的区域。加油站被命名为"苏河折"，结构和建筑形态一体化的方式使得折板成为建筑最主要的特征，以结构理性为基础，复合了某种对于老建筑折墙的呼应，苏州河浪花的想象，以及折扇般的某种精致感。结构的纯粹性和意义的多义性赋予建筑当代的时代性，在这个富有历史记忆的场所，这种当代性，无疑是"文化加油站"最合理的注解。

设 计 者：章明　张姿　王绪男　丁纯　张林琦　王祥　郭璐炜
工程规模：总建筑面积约222m²
设计阶段：方案设计、施工图设计
委托单位：中国石化销售股份有限公司（上海石油分公司）

加油站平视图

结构理性和视觉特征一体化

1. 排水檐口
2. 玻璃雨棚
3. 加油口
4. 加油管线
5. 栏杆
6. 花架
7. 设备管线
8. 竖挺
9. 轨道射灯
10. 加强筋
11. 空调出风口
12. 空调回风口
14. 直立锁边屋面
15. 射灯轨道
16. 钢折板

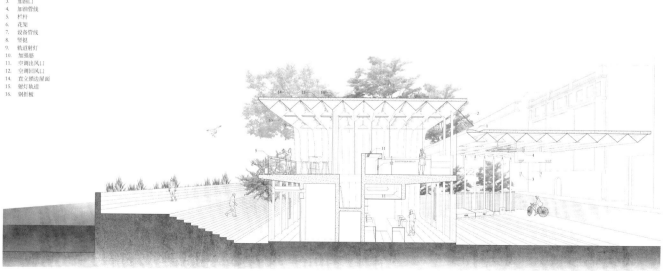

加油站剖面图

启东中医院整体迁建工程
PROPOSAL FOR NEW QIDONG HOSPITAL OF TCM, JIANGSU

项目主要建设内容含 1000 床中医院综合大楼、200 床感染医院及配套员工福利设施，总建筑面积约 200 000 平方米，其中地下面积约 70 000 平方米。

现代医院设计已经从单纯重视医院的功能性转换到强调用户的体验性与医院特色形象的唯一性，方案遵循以人为本、方便患者的原则，在满足各项功能需求同时，改善了患者的就医条件和员工的工作条件，力求以功能完善、布局合理、流程科学、规模适宜、装备适度、运行经济、安全卫生等原则，建设其成为突出中医特色、专科特色、中西医结合的现代化中医医院。

方案从中国传统"园林文化"中寻求灵感，将大大小小的园林庭院植入各个功能空间中，创造不同层次的医疗景观空间。在满足医疗功能需求的同时，候诊区、住院部及其他区域都能够为病患及工作人员提供良好的诊疗环境。

设 计 者：李茂海　谢立伟　钱呈
工程规模：建筑面积约 200 000m²
设计阶段：概念方案设计
委托单位：启东中医院

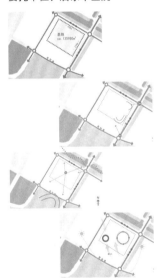

① 职工幼儿园 / Kindergarten
② 职工健身中心 / Fitness center
③ 洗衣中心 / Laundry
④ 餐饮中心 / Canteen
⑤ 配电中心 / Power Station
⑥ 档案中心 / Archives
⑦ 中心供应 / CSSD
⑧ 手术中心 / Surgery
⑨ 制剂楼 / TCM Preparation

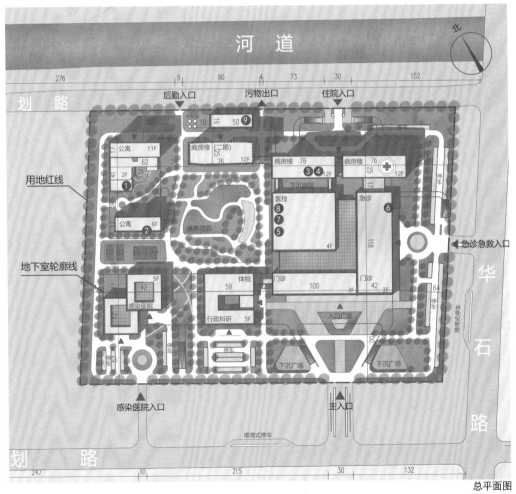

总平面图

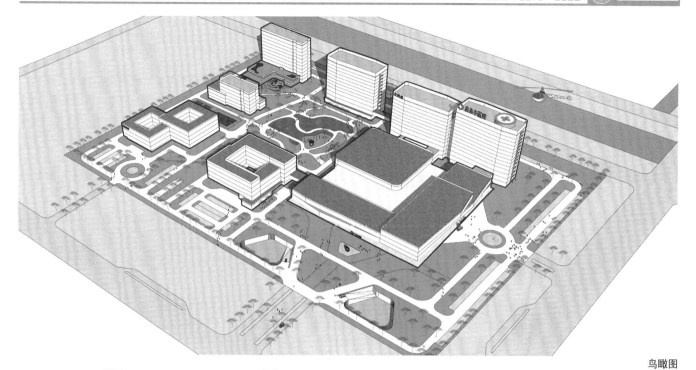

鸟瞰图

科研中心

手术中心

洗衣中心

中心供应

平面图

151

龙口妇幼保健院建筑设计
MATERNAL AND CHILD HEALTH CARE HOSPITAL DESIGN, LONGKOU, SHANDONG

　　龙口市妇幼保健院新院建设项目位于龙口市经济开发区中部，城市东西向主轴线渔港大道南侧。项目的设计理念为：市民之窗。

　　建筑设计遵循四大原则：一体化原则、复合化原则、生态化原则、可持续性原则。医院设计以病人为中心，采用一体化布局思路，通过入口与医疗街的整体设计，将门诊、医技与住院部整合为便捷高效的连接复合体。项目整体布局采用多进院落式组织方式，形成环境优美舒适的内部景观空间，同时在基地南侧预留了可持续发展的扩展空间。

　　建筑设计提出两大策略：连接、窗口。整体布局采用"一街串两院"的组织方式，建筑立面采用简洁的横线条和裙房顶部叠置窗口相组合的方式，呈现出高低错落的外观形态，同时给人以亲切的空间感受。

设 计 者：匡晓明　安晓光　杨玉山　姚奇炜　朱婷婷　崔项
工程规模：建筑面积 67 805m²
设计阶段：方案设计
委托单位：龙口妇幼保健院

透视效果图

鸟瞰图

住院部 后勤部 医疗街 后勤楼
住院部
门诊部 医技部
急诊部

功能分析

交通分析

一层平面图

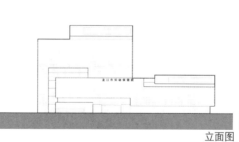

立面图

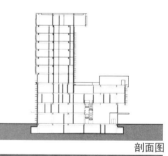

剖面图

室内效果图

透视效果图

南京颐和路历史文化街区 13-1 及外围 W-1 片区保护和利用项目
CONSERVATION DESIGN OF 13-1 AND W-1 DISTRICTS IN YIHE MANSIONS, JIANGSU

　　南京颐和路历史文化街区 13-1 及外围 W-1 片区紧邻颐和路历史文化街区东侧的三角形区域，包括大方巷南侧、江苏路东侧的开敞空间（原金川河河道，现状为容纳临时工房和停车的空间），原南京化学厂建筑群以及排水管理处是颐和路历史文化街区的配套服务区域。

　　该片区定位为颐和路历史文化街区的服务性"抓手"。方案设计基于深入的历史研究和现场建筑测绘，提出了"新旧共生、空间整合、绿色改造"的设计策略，在维持院落空间格局的基础上激活空间与场地。

　　根据现状调研与材料结构检测资料，确定建筑"留、改、拆、添"的新旧共生设计策略：保留修缮江苏路 30 号文物建筑，改造原南京化学厂厂房及排水管理处，拆除后期低质加建并梳理场地；两侧改造厂房通过外廊与中间玻璃体量实现交流，改造厂房内部办公，局部挖空形成通高中庭，丰富竖向空间；改造厂房南北立面，保留建筑主体原有立面，突出传统厂房的立面特征；改造厂房东侧主立面，保留建筑主体立面，局部增加采光，丰富立面层次的同时与排水管理处呼应，局部做绿植塑造微生态环境。

设 计 者：常青　张鹏　赵英亓　樊怡君　张雨慧
工程规模：建筑面积 20 399 m²
设计阶段：方案设计
委托单位：南京颐和历史建筑保护利用有限责任公司

鸟瞰图

排水管理处透视图

江苏路 30 号文物建筑修缮

原南京化学厂改造后透视图

原南京化学厂和文物建筑改造

新旧共生策略

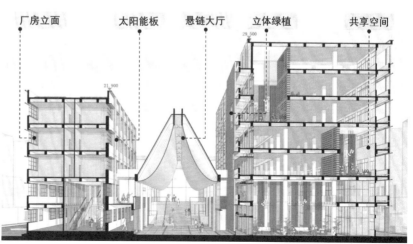

厂房立面　太阳能板　悬链大厅　立体绿植　共享空间

空间整合策略

四川省宜宾市夹镜楼及冠英街保护利用方案设计
CONSERVATION AND REGENERATION DESIGN OF GUANYING DISTRICT IN YIBIN, SICHUAN

项目位于四川省宜宾市翠屏区冠英街历史文化街区，地处市境中心城区东面，包含夹镜楼方案设计、冠英街保护利用方案设计及新建院落方案设计。

基地东北侧合江门地标广场位于金沙江、岷江、长江三江交汇处，夹镜楼选址位于合江门广场中轴线中心位置附近。新建夹镜楼旨在创造场地所在街区的新核心景观，结合地块内部保留的历史古迹与原有公共空间共同形成从城市街道向江面延伸的中轴线核心景观节点空间。夹镜楼设计保留并恢复了历史记载的建筑体量，为了强调其在长江流域临江楼中的特殊地位，适当采用风土韵味的设计样式，在突出川南建筑特色的同时，营造长江流域新旧统一，和而不同的新景观。

新建院落地块位于大南街口，是进入冠英街历史文化街区的入口空间。设计结合地块内部保留的放生池遗迹，与公共空间共同形成从城市街道向街区内部街巷过渡的引导空间。根据古韵新风，新旧相宜的设计理念，新建院落单体设计在尺度、装饰元素、颜色等方面与传统建筑相近，外观上又有所区分。作为冠英街历史遗存的延伸，起到了整合新旧建筑的过渡作用，吸引往来人群向街区内部的保留建筑区域进行探索。

设 计 者：常青　刘伟　王红军　刘瀛泽　张子仪　史瑞琳　周婧
工程规模：基地面积 0.83 hm²
设计阶段：方案设计
委托单位：四川省宜宾市翠屏区规划局

整体鸟瞰图

复建夹镜楼

新建院落：粮房街街口人视效果图

新建院落：大南街街口人视效果图

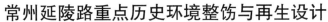

常州延陵路重点历史环境整饬与再生设计
RECTIFY AND REGENERATE DESIGN OF THE YANLING ROAD KEY HISTORICAL ENVIRONMENT AREA ,JIANGSU

项目位于江苏省常州市天宁街道延陵西路2号，位于东西向主干路延陵西路和南北向主干路和平北路交叉口附近。项目整合碎片化历史文化资源，点线面结合，提升文化宫旁重要区域的建筑风貌，凸显区域的历史环境，促进历史城区的保护与复兴。以"时代风格并置的古韵新风，龙城文教中心的活化再生"为总体定位，按照现代文化宫综合功能进行均衡排布设计，满足复合多样的使用需求，以简洁有力的形体关系与极具当代特征的设计手法，营造和谐统一的文化宫组团历史氛围。

东馆改扩建设计以"与古为新，和而不同"为设计理念。建筑基于既有建筑进行改造设计，改建后的东馆以建筑自身的形态融于环境，并带有文化宫主体建筑的部分特征。建筑布局合理、形态高耸，承接"教堂–文化宫"的天际线，与文化宫西侧教堂整体建筑颜色呼应，衬托文化宫主体建筑在所处环境中的中心地位。东馆与周边环境相得益彰。

西园景观设计地处文庙以西、县学街东侧沿街场地。设计回应场地文脉，恢复历史轴线，营造缓冲空间。方案设计打开原本被临时建筑遮蔽的空间，使文庙西侧界面得到完整展示。同时以具有当代特征的框架意向、当代的材料与技术，暗示文庙历史边界、回应历史轴线，营造文庙历史文化氛围。

设 计 者：常青 张鹏 刘伟 吴雨航 林笑涵 刘瀛泽
工程规模：用地总面积 4 776m²
设计阶段：方案设计、扩初设计、施工图设计
委托单位：常州大运河发展集团有限公司

鸟瞰图

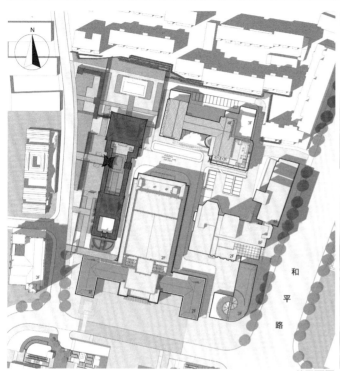

总平面图

西园透视效果图

西园鸟瞰图

透视效果图

江西陶瓷工艺美术职业技术学院中德工业 4.0 智能制造职业教育实训基地
SINO-GERMEN INDUSTRY 4.0 INTELLIGENT MANUFACTURING VOCATINAL EDUCATION TRAINING BASE，JIANGXI

  项目位于江西省景德镇市珠山区朝阳路南侧及陶玉路东侧。基地原为景德镇为民瓷厂，曾为"十大瓷厂"之一。项目旨在发挥中德资源优势，促进智能制造产业与职业教育的深度融合，强化高技能人才队伍建设，补齐人才结构短板，优化人才发展环境，通过政校企、产学研合作建立智能制造人才培训中心和实训基地；完善智能制造人才培养体系，优化人才发展环境，培养多层次智能制造人才队伍，补齐人才结构短板。以实施江西制造强省建设为重点，对接《中国制造2025》提出的十大特色优势产业，落实人才培养机制，促进产业转型升级和产业集群协同发展。

  设计以互动、共享、对话为基本策略，打造一所"无墙的大学"。整体上最大程度保留原有厂区风貌，加建部分采用简单形体与鲜明色彩呼应老厂区的"工业风"，与既有老厂房形成对比和新旧对话。西侧改造区为本项目重点，保留原厂房既有位置的同时在其顶层各增建一层6.5米高橙色体量整合零散的保留建筑。场地西侧的原厂区道路变为园区南北向核心广场，连接起南北两大组团。南北厂房间原有小尺度设备用房被改造为具有盆景式绿化屋顶的后院，活化背街区域；以连桥贯通，制造多样有趣的游览路径和空间体验；同时形成广场在南北组团间向东侧的渗透。东侧场地内散布10棵保留树，建筑体量充分退让，留出树木的生长空间。底层连续商业与上部单元式办公、宿舍模式满足小微产业、培训等业态需求，同时与改造区域形成功能上互补与互动，适应城市发展。

设 计 者：蔡永洁　曹野　曹伯桢　董紫薇　朱惠子　雷康迪　卢倩怡　陈樱霭　邓欣和　荀帅
工程规模：建筑面积 79 269m²
设计阶段：方案设计、初步设计、施工图设计
委托单位：景德镇陶邑文化发展有限公司　中国建筑第二工程局有限公司北京建筑设计分公司

鸟瞰图

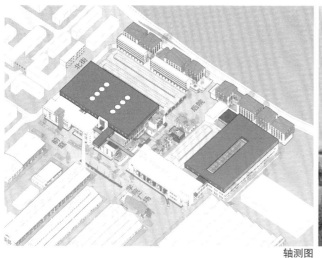

轴测图

南北组团间景观效果图

学院广场景观效果图

左侧新建商业效果图

学院广场夜间效果图

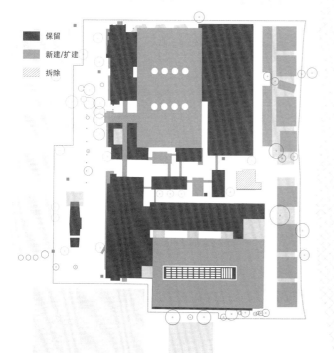

- 保留
- 新建/扩建
- 拆除

总平面示意图

N

世界技能博物馆修缮工程
WORLD SKILLS MUSEUM RENOVATION PROJECT, SHANGHAI

世界技能博物馆依托上海市文保建筑永安栈房仓库改造而成。改造设计坚持历史信息清晰、结构安全合理的原则，结合世界技能博物馆的功能需求和规划定位，在留存场地和历史记忆的基础上，使这处近代工业遗产焕发新生。

原建筑的无梁楼盖结构形成了库房匀质、水平的四层空间，而作为公共建筑的博物馆空间从功能上需要一个更为开放的公共空间。通过对原有结构体系的潜力分析，精心建构了一个层层递进的共享中庭空间，所有的楼板切割均未损伤原有的八角形柱帽，确保对原有结构体系和原修缮成果的较小干预。

博物馆位于上海杨浦滨江休闲观光带的重要节点，建筑设计立足历史建筑保护的出发点，将博物馆公共空间融入城市日常生活。首层开放布置的咖啡、文创商店等公共空间将博物馆的公共服务功能与城市空间以及西侧休闲绿地形成良好的互动。不同功能的合理分区保障了博物馆的有序运营。设计打造开放型博物馆，在建筑西侧打破原有耳房空间对建筑空间的束缚。缓解博物馆参观中的观展疲劳问题，改进常见的封闭式流线设计，在环形流线的西侧面向城市滨水区设置休闲边厅以及室外露台，强调室内外空间的交流互动。最终实现内部空间与城市景观、滨江景观充分融合的空间效果。

设 计 者：李立　郝竞　肖蕴峰　李飒
工程规模：建筑面积 10 920m²
设计阶段：方案设计、扩初设计、施工图设计
委托单位：上海杨浦滨江投资开放有限公司

鸟瞰图

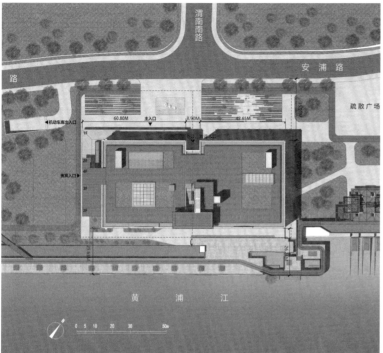

总平面图

西立面透视效果图

中央大厅效果图

透视效果图

巨化智慧营运中心项目建筑工程
SMART OPERATION CENTER OF JUHUA, QUZHOU, ZHEJIANG

  本案为新老结合的单体建筑建设项目，老建筑为原巨化总厂食堂（1963年施工，现为闲置厂房），通过本次改扩建，调整为生产调度中心和办公接待功能。其中，一层将原有的老建筑改造为通高大厅，其他新建部分主要提供接待、办公、会议等功能；二层主要为新加建部分，提供生产调度中心和开放型的公共休闲等空间。同时，在竖向空间布局上，充分利用各功能不同的竖向尺度，通过灵活组合塑造出丰富的剖面关系，同时为人群创造更多空间互动的可能性。

  新老共生——既延续了记忆，又增添了生机，彰显出巨化注重历史传承和创新发展的企业精神。在保留老建筑空间完整性和结构稳定性的基础上，在其北侧及东侧新加建L形体量，将具有年代感的老建筑包裹围合起来；新加建的错动单元，与保留的老建筑屋面相互咬合，增加建筑物的空间层次感和视觉丰富性，最终新老建筑融为一体，和谐共存，同时守住了老巨化的历史面貌，更承载着新巨化的未来景象。一层将原有的老建筑改造为通高大厅，其他新建部分主要提供接待、办公、会议等功能；二层主要为新加建部分，提供生产调度中心和开放型的公共休闲等空间。同时，在竖向空间布局上，充分利用各功能不同的竖向尺度，通过灵活组合塑造出丰富的剖面关系，为人群创造更多空间互动的可能性。

设 计 者：李立 胡军锋 张鹤鸣
工程规模：建筑面积2 864m²
设计阶段：方案设计、初步设计、施工图设计
委托单位：浙江巨化股份有限公司

鸟瞰图

效果图

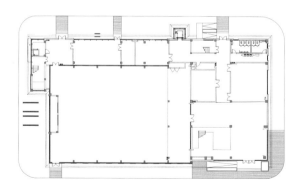

一层平面

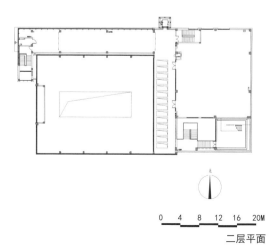

0 4 8 12 16 20M

二层平面

浙江台州市黄岩区大有宫建筑修缮工程

RENOVATION AND REVITALIZATION DESIGN OF DAYOU TEMPLE IN HUANGYAN, ZHEJIANG

大有宫位于位于浙江省台州市黄岩区委羽山，为道教宫观。始建于南朝梁代武帝时期（502—549年），精确始建年代无考，期间多有兴废。隋朝时有题额，唐、宋、元、明、清、民国间均有修葺，现为浙江省文物保护单位。

本设计以文献史料及民国《龙门宗谱》图像资料为依托，核心保护范围及建设控制地带内，遵照民国时期历史格局，拆除加建，修缮、改造现存核心建筑院落（山门、雷祖殿、灵霄宝殿、东西厢、东西虎、西院），恢复大有亭、薜萝亭、凭虚亭。建设控制地带外，延展大有宫轴线，新建三清殿、灵官殿、新山门，营造"道在山林"的幽深之意，满足必要的宗教功能需求。

对大有宫建筑的修缮采用原址、原貌、原材料、原工艺，并为未来大有宫申请国家级文物保护单位做准备。修缮秉承"存真、补缺、续新"的准则。同时恢复大有宫"琪树垂珠""洞口朝霞""大有晨钟""丹井占天"四景，重现旧日花木营庭的宫观建筑的幽隐自然。

设 计 者： 常青　刘伟　赵英刃　辛静　门畅　张雨慧　工沿植　倪卿逗
工程规模： 建筑面积 2 614m²
设计阶段： 方案设计、施工图设计
委托单位： 台州市黄岩聚力生态发展有限公司

鸟瞰图

前殿效果图

灵霄宝殿效果图

后院效果图

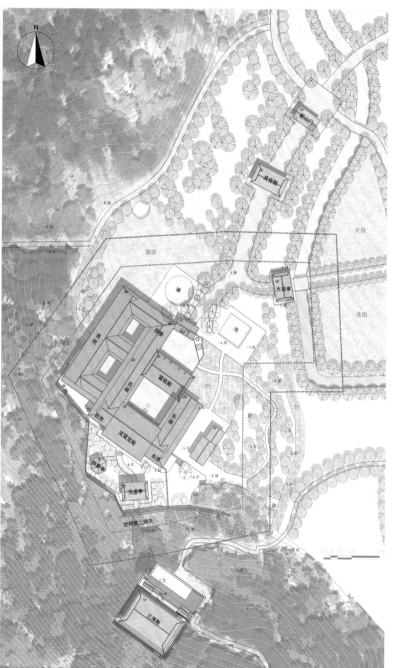

总平面图

新天安堂改造设计
RENEWAL DESIGN OF XINTIAN'AN CHURCH, SHANGHAI

伫立在苏州河畔的天安堂由旅沪英国侨民始建于 1886 年，在历史变迁中遭到多次破坏，并于 2009 年"落架大修"，依原图纸重建。为使其可作为室内音乐厅使用而进行了本次改造设计。

建筑本身的砖墙结构和水泥地板都是硬反射，会导致混响时间偏长，不利于室内音乐会演奏。为此，本次改造重新铺装了符合原有建筑风格的深浅拼色木地板，并以孔雀绿马赛克铺成动线划分区域。演奏舞台也由模块拼搭而成，便于随时拆卸。

针对原有建筑不够密封而造成的漏音问题，设计团队参照现存立面门和室内门，将各个门复原为一模一样的隔声木门。在保留原彩色玻璃窗的前提下，为满足音乐厅遮光和声学要求，在窗扇内侧都增加了电动遮光帘及吸声幕布。

设 计 者：徐风　刘海生　杨秀　马玥　杜明　马心将
工程规模：建筑面积约 296m^2
设计阶段：方案设计、施工图设计
委托单位：上海思启文化传播有限公司

改造后室内

南入口改造

南立面楼梯
改造后效果

黄锈石荔枝面花岗岩
踏步面层

黄铜
栏杆

橡木涂防腐漆
扶手

改造后室内

改造后南入口

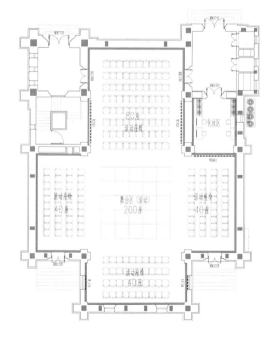

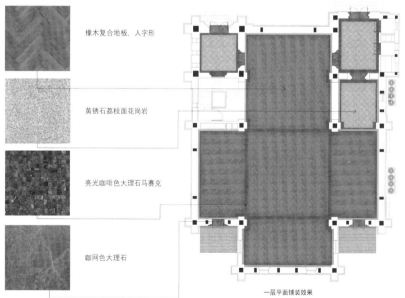

橡木复合地板，人字形

黄锈石荔枝面花岗岩

亮光咖啡色大理石马赛克

咖网色大理石

一层平面铺装效果

电动遮光帘及吸声幕布平面位置

地面铺装平面图

上海市成都北路 408 号北楼房屋局部修缮设计

RENOVATION DESIGN FOR NORTH BUILDING IN NO.408 NORTH CHENGDU ROAD, SHANGHAI

  该建筑设计于 1922 年，最早作为 T.U.YIH 先生的独立式高级住宅，后为海关进修会所用，又称"江海关同益里俱乐部"。20 世纪 70 年代，该建筑归上海市献血中心使用，目前是上海市卫生人才交流服务中心办公用房。这是上海地区典型的"老洋房"，二层加一层阁楼、平瓦坡顶、东北向转角设有三层角楼（上为穹顶）。

  该建筑已有百年历史，虽经多次修缮，但原有建筑风貌基本得到保存，具有较好的历史文化价值、建筑艺术价值和科学技术价值。本次修缮主要涉及屋顶和景观露台地面的防漏处理、局部安全隐患的消除、室内环境的修缮和提升等。

设 计 者：陈易　聂大为　张子涵　汪健根　方涛　沈冰春 等
工程规模：建筑面积约 1 657m²
设计阶段：方案设计、施工图设计
委托单位：上海市卫生人才交流服务中心

改造后效果图

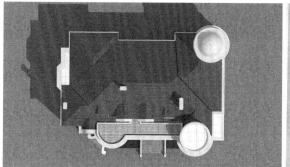

屋顶俯瞰图

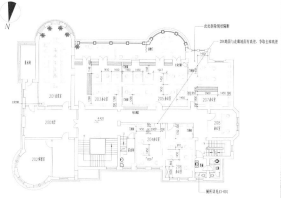

二层平面图

三层吊顶图

走廊改造后效果图

露台改造后效果图

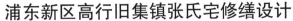

浦东新区高行旧集镇张氏宅修缮设计

RENOVATION DESIGN FOR ZHANG'S FAMILY HOUSE IN OLD PART OF GAOHANG TOWN, SHANGHAI

　　该项目位于上海浦东新区高行旧集镇，由多幢单层单体建筑和多个庭院组成，根据勘察报告和现场实测，对已损毁的单体建筑物采用仿古建筑的方式复建，对于现存建筑物则进行修缮。修缮设计参照张氏宅目前遗存的建筑布局和外观，采用小青瓦、青砖、白色粉墙、栗色木质门窗等元素，外观造型简洁朴素，延续其传统江南民居特色。

设 计 者：陈易　杨晓绮　应伊琼　张冬卿　傅宇昕　张晏寿　薛洁楠　汪健根　沈健　杨佳澎 等
工程规模：建筑面积约 1 292m²
设计阶段：方案设计、施工图设计
委托单位：上海长江高行置业有限公司

鸟瞰图

外立面效果图　　　　　　　　　　　庭院效果图

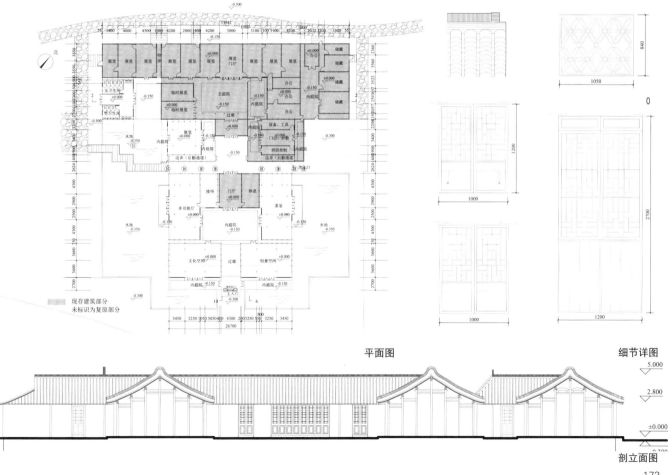

平面图　　　　　　　　　　　　　　　　　细节详图

剖立面图

同济大学三联拱建筑整饬设计
TRANSFORMATION DESIGN OF TRI-ARCH BUILDING OF TONGJI UNIVERSITY, SHANGHAI

项目位于同济大学西南角西苑饮食广场南侧，原建筑建于1955年，用途为机电馆。建筑设计师是吴景祥和罗维东，结构设计师是张问清。依据当时经济技术条件，设计采用双曲砖拱结构形式。建筑由南北两个三联拱加中间连接体构成，2006年南段及中间连接体被拆除，现只留下北侧部分。目前该建筑已列入上海市第四批优秀历史保护建筑。

功能安排：目前该三联拱建筑中跨为纪念品商店，西跨为大学生健身中心，东跨为办公。本次改造为中跨和东跨。其中中跨扩大纪念品商店空间，东跨由办公改为师生休闲美食空间。

改造对策：设计从空间还原、建筑保护、功能容纳、历史叙事四个方面入手。

（1）恢复原建筑空间形式，体现其历史形象完整性；

（2）功能拓展，将纪念品商店打造成"校园访客信息中心"；

（3）空间塑造，恢复原建筑空间完整性，置入独立的新体块，形成新老渗透的套叠空间；

（4）历史文化展示，将建筑历史过程做故事性表达。如原建设过程、原建筑构建细节展示等。

设 计 者：陈宏　孙光临　钱俊　张雨缇　周雨桐
工程规模：改造面积856m²，原建筑面积1 284m²
设计阶段：方案设计、初步设计、施工图设计
委托单位：上海同济后勤产业发展有限公司

室内透视图

现状轴测图

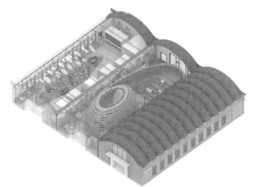

设计轴测图

室内透视图

室外透视图

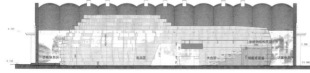

纵剖面图

横剖面图

休闲美食空间（东跨）　　纪念品商店（中跨）　　西跨

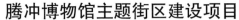

腾冲博物馆主题街区建设项目
TENGCHONG MUSEUM THEME BLOCK CONSTRUCTION PROJECT, YUNNA

项目地处腾冲市城区西侧，国殇墓园北侧、宝峰山东南侧区域，是城区西侧抗战文化主题区中的重要展示节点。设计旨在提出泛空间展示·无界交融的活力空间，通过对现状厂房及建筑的更新、改造，形成复合的文化主题区域，突破传统展示空间的边界感，将多元的城市功能融入其中，与城市形成功能联动，实现空间格局一体化的设计目标，设计结合现状提出四个设计策略。

（1）全景公园：三维立体的空间特质。突破传统空间形态，打造内外联动的全景公园，其中爱国文化街区的空间规划打破常规的室内单一展示形态，通过有效联动室内空间、户外景观渗透、文化主题广场植入、滨河水岸以及景区街道塑造等，形成独特的展示馆"泛空间"模式。

（2）文化注入：弘扬抗战文化。本次设计以滇缅抗战主题为特色，整体谋划两个方面的展区：抗战历史展览以人物生平、历史事件为主，军事场景以机械、坦克、装甲等实物展示为主。

（3）有机更新：工业厂房改造，传承腾冲工业历史记忆。设计对现有建筑遗产进行改造更新，在保留原有建筑框架的基础上，对建筑进行有机更新，填充相应内容形成新的功能。空间上与室外展区实现视觉互动，丰富观展人员体验。

（4）活力提升：复合休闲主题街区，集商、闲、游、教一体的复合区域。

设 计 者：江浩波　王立颖　任翔　朱海峰　徐伟男　刘佳卉
工程规模：建筑面积 19 000m²
设计阶段：方案设计
委托单位：腾冲市规划局

鸟瞰图

改造厂房透视图

战车室外展区效果图

抗战主题景观效果图

虹梅路街道小区综合整新
COMMUNITY RENOVATION HONGMEI RD STREET, SHANGHAI

    虹梅路街道小区综合整新包括虹梅小区、航天新苑、桂林苑三个子项目，内容涵盖传统的建筑单体修缮、交通规划、公共设施提升、绿化提升外，还增加了节点社区花园设计及居民共建的社区营造工作坊，为环境提升打造亮点，融入老年疗愈、儿童友好、生态友好理念。

    从最开始的现场探勘调研到落地实施，每个阶段都有居民代表参与，并在社区规划师带领下组织后续社区花园的维护更新，最终总结出虹梅路街道可参与式综合整新操作手册，为后续其他小区综合整新提供新的思路。

设 计 者：魏闽　刘悦来　谢文婉　后学兵　严建雯　吕炳霖
工程规模：修缮建筑面积 148 118m²
设计阶段：方案设计、初步设计、施工图设计
委托单位：上海市徐汇区虹梅路街道办事处

建筑修缮

社区共创工作坊

社区共创工作坊

航天新苑门卫室

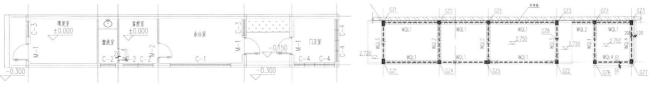

一层平面

结构平面图

靖宇东路 266–270 号外立面改造
FACADE RECONSTRUCTION OF NO. 266-270 JINGYU EAST ROAD, SHANGHAI

靖宇东路 266–270 号外立面改造项目，总建筑面积约 6000 平方米，外立面设计改造面积 1951.43 平方米，立面限高 12 米，总投资约 1 839 万元。靖宇东路 266–270 号的前身是市百三店靖宇分店——小世界商城。项目设计以营造社区交流平台为出发点，在不改变原有建筑轮廓的同时，通过统一的木纹转印格栅处理方式，对商场外立面进行统一改造及提升。

作为体量不大的社区旧改项目，本工程最主要的难点就是如何平衡老旧结构体系与现行相关规范的技术结合。本项目建于 2000 年以前，对于仅针对外立面改造的工程而言，如外立面的改造措施对主体结构或荷载影响较大，将势必带来原结构整体加固，甚至抗震加固的投入。为了平衡业主的实际需求以及外立面改造的设计效果，在与结构专业多次商议后，设计采用了钢结构幕墙体系的做法，并针对悬挑较大的造型亮点区域，采用转折钢柱进行处理，既没有增加立柱，违反现行规划管理条例，增加应核算建筑面积；同时突出了悬挑部分的整体性，满足了业主对于商业项目有关标志展示性的要求。在满足规划条件的前提下，更好地实现了造型的整体处理。

设 计 者：董晓霞　支文军　南俊
方案设计者：董晓霞　吴佳青
工程规模：改造面积 1 951m²
设计阶段：方案设计、施工图设计
委托单位：上海杨浦商贸（集团）有限公司
方案合作设计单位：内里设计

效果图

效果图

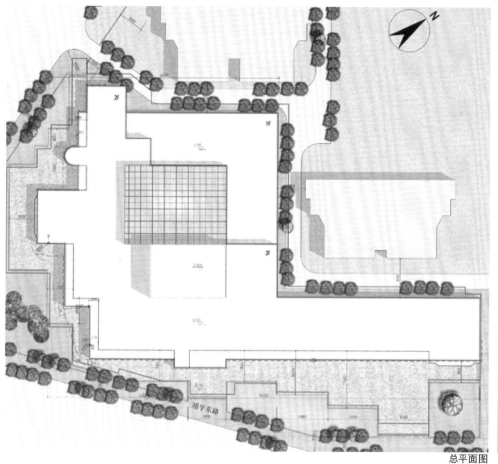

总平面图

现场施工图

局部透视图

南立面图

郑州商代王城遗址核心区城市设计
URBAN DESIGN OF SHANG DYNASTY IMPERIOR CITY SITE, HENAN

　　郑州商代王城是代表中国国家历史身份的八大古都之一，是华夏 3600 年文明史和都城筑城史的见证，其孤悬、离散的遗产本体需要高水准保护和展示，其衰败、残破的比邻街区需要适应性活化和再生。因此本设计总体定位为"中华古都的现代复兴"，包括古韵新风的风格定位和商都特色的功能定位。

　　①设计提出了商都遗址和比邻街区"一带四区"复兴的八字方针："环、园、衔、观"和"留、改、拆、添"；②景观带内建地景式草坡，形成舒展开敞的遗址公园空间；③以草坡看台形成观景与观演的参与式场景体验；④在城垣豁口处，采取具象复建或抽象塑造的城门衔接策略；⑤复兴书院街北片"天中"拱廊街历史意象，将东大街与书院街南北贯通；⑥遗址展示方式创新：将玄武庙遗址露天展示；⑦打造兼具文创和商业功能的城市综合体：两院二期项目。经市规委会和全国顶级专家评审会审议，一致通过了这一适应性再生设计成果，并对其在解决复杂功能需求和审美诉求方面的创意给予了充分肯定和赞誉。该城市设计成果将对项目进入工程设计和实施起到关键性的推进作用。

设 计 者：常青　张鹏　刘伟　吴雨航　赵英亓　崔梓祥　张雨慧　刘瀛泽　樊怡君
工程规模：基地面积 600hm²
设计阶段：城市设计
委托单位：郑州商都商业发展有限公司

整体鸟瞰图

玄武庙遗址展示效果图

"天中"拱廊街商业街效果图

两院二期效果图

寅宾门效果图

紫荆门效果图

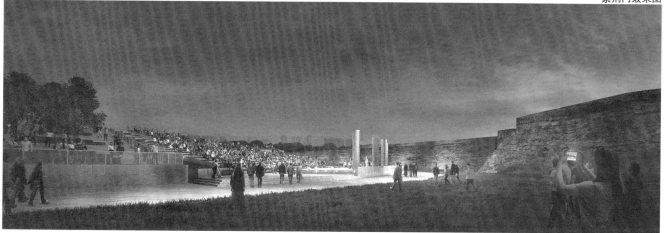

城垣观景台（看台）效果图

上海市四川北路街道溧阳路—海伦路地段城市更新设计
URBAN REGENERATION DESIGN OF SICHUAN NORTH ROAD DISTRICT, SHANGHAI

　　城市更新范围约0.91平方公里，包括四川北路沿线、山阴路历史风貌区南部、多伦路名人文化街区、甜爱路等文化空间场所。城市设计提出以历史风貌为基底，结构优化为主线，特色产业嵌入为动力的城市更新策略。①针对城市结构优化，重点从图底关系、功能结构、核心场所、强度分布、公共空间、建筑高度、交通结构等方面进行城市更新设计；②特色产业嵌入区域内，明确产业发展总体目标，打造完整的产业链条，完善与"音乐谷"之间的联系，最终形成具有虹口特色的文化空间产业链规划；③规划的空间落位，形成地块发展形态指引。

　　通过框架性设计及规划要求梳理，完善地块总平面与指标，针对不同地块形成多样更新类型的划分，并重点就以下几个方面提出研究方向及策略：①空间结构优化，将该地区现状的"被遗忘的中间地带"转化为"活力生活的中枢地带"；②城市肌理修补；③步行网络和公共空间节点塑造；④创新产业植入；⑤焕发历史文化价值的活力街道。

设计者：孙彤宁　许凯　梅梦月　赵博煊　毛键源

设 计 者：孙彤宁　许凯　梅梦月　赵博煊　毛键源
工程规模：总用地面积：0.91hm²　总建筑面积：2 253 000m²
设计阶段：城市设计
委托单位：上海市虹口区规资局

总体鸟瞰图

总平面图

城市肌理修补分析图

保安支路街景

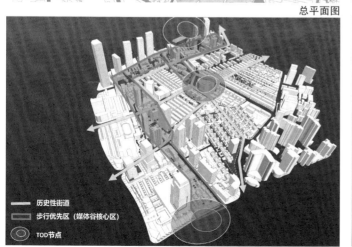

历史性街道
步行优先区（媒体谷核心区）
TOD节点

城市更新概念－步行空间结构

浙兴里鸟瞰图

广州东站地区城市景观及环境设计国际咨询

URBAN LANDSCAPE AND ENVIRONMENTAL DESIGN OF GUANGZHOU EAST RAILWAY STATION AREA, GUANGDONG

广州，作为粤港澳大湾区最具历史性的城市，在多元文化的碰撞中不断更新自我，扎根大陆又面向海洋，安于一隅由渴望远方。2000余年商贸之都的城市计量与山水交织，映射在中轴线上，承载着历史的变迁，凝聚着广州的骄傲。

30多年，中轴线一路向南发展，高耸入云的广州塔引领着中轴线上气势非凡的建筑群落，辉煌着这座城市的现在和未来。相比之下，中轴北段区域与中轴整体的高速发展逐渐脱节。

建立四大设计目标：沟通国际国内的新门户，高效直达湾区，便捷换乘快速抵达广州各城区；驱动功能升级的新平台，助推天河打造世界级CBD，带动周边商贸业服务业发展；促进交融创新的新焦点，吸引国内外高端人才激发文化创新，营造包容感归属感；提升城市活力的新客厅，延展南北向城市新轴，衔接开放空间，促进片区功能融合。作为回应，本次设计从交通、景观和生活三方面着手，立足山水城市脊梁，联动站城枢纽；建立一个多维网络的设计框架；三个不同维度的节点交错相依，又紧密联系，以广州东站周边地区为核心，在方格网城市里演绎出环环相扣的新网络，并向更广阔的城市空间渗透；为中轴北端的发展注入新的活力。

设 计 者：耿慧志　杨春侠　周华　梁瑜　顾致维　任安之　刘梦萱　姚子莹　詹鸣　鞠梦恬
工程规模：研究协调规模：167hm²　详细城市设计规模：91hm²
设计阶段：城市设计
主办单位：广州新中轴建设有限公司

整体鸟瞰图

总平面图

站前广场鸟瞰图

绿地广场人视点

燕岭山视点效果图

深港科技创新合作区深圳园区皇岗口岸片区城市设计
URBAN DESIGN OF HUANGGANG PORT AREA AT SHENZHEN PARK OF SZ-HK SCIENCE & TECHNOLOGY INNOVATION COOPERATION ZONE, GUANGDONG

　　皇岗口岸位于深港交界处，设计根植于基地，自下而上，逐步生成。充分考虑合作区围网、建筑限高、地铁站上盖限制等，创造候鸟友好的建筑退台及高度，在明确可发展空间、建筑功能体量的基础上，确定1、3片区高密度发展；研究创新园区开发总面积、实验室最佳宽度，形成交互格网，创建行人友好的园区。

　　这种自下而上的设计，为场地带来了五大优势。生态共融：将堤坝改为湿地，并渗入园区，提供柔性防洪、生物多栖的自然环境；延续周边绿化带，结合零星水塘，构建改善微气候的生态走廊。以人为本：将人的体验感放在首位，创造尺度宜人的步行园区；底层架空，形成连续的公共开放空间，未来围网拆除后，成为市民汇聚的场所。多元体验：以自然和人工环境的不同交织模式，创造多样的公共空间；为庭院策划各具特色的主题，增加庭院的可识别性。交互联通：联通的格网方便人们去到园区的各个部分；立体的活动及交流平台，让智者们碰撞思想火花。灵活可变：可变的建筑模块和灵活的租赁方式，满足多样的功能需求，以及未来可能的需求变化。

设 计 者：杨春侠　耿慧志　梁瑜　周华　刘梦萱　吕承哲　姚子莹　詹鸣
工程规模：研究协调规模：167hm²　详细城市设计规模：91hm²
设计阶段：城市设计
主办单位：深圳市投资控股有限公司

整体鸟瞰图

总平面图

公共空间人视点

人行入口人视点

深圳河人视点

杭州钱江世纪城后解放河滨河数字产业园区城市设计
URBANDESIGN OF "HOU JIEFANG RIVER" RIVERSIDE DIGITAL INDUSTRIAL PARK IN QIANJIANG CENTURY CITY, ZHEJIANG

　　钱江世纪城后解放河滨水数字产业园区位于杭州钱江世纪城核心区东北区块，是钱江世纪城 CBD 的拓展区域，紧邻亚运村区块，总用地面积 12.43 公顷，总建筑面积 39 万平方米，平均容积率 3.15。项目的主要设计目标是服务商务核心区和总部基地的特色文化街区，补充商务城区的服务性功能，提供上班人群日常休闲娱乐场所，同时也成为钱江新城和世纪城商圈活力公共活动集聚点，提升城市商务区的环境品质和吸引力，为 CBD 向 CAZ 转型注入新鲜活力；也是高楼林立的钱江世纪城核心区一处"避风港湾"；也将是杭州旅游的一处目的地，成为钱江滨水景观带中一景。

　　设计理念：打造窄街密路的步行网络、多样化的建筑形态塑造丰富多彩的城市空间形态、功能混合促进多样化活动人群集聚、以整体开发的地下空间缓解地面交通、从而促进城市空间的步行化

设 计 者：孙彤宇　许凯　毛键源　王润娴　石纯煜
工程规模：占地 0.124 0hm²　总建筑面积 300 000m²　平均容积率 3.15
设计阶段：城市设计
委托单位：杭州市钱江世纪城管委会

后解放河滨水城市轮廓线

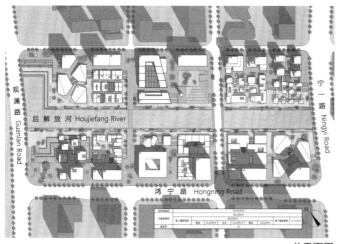

总平面图

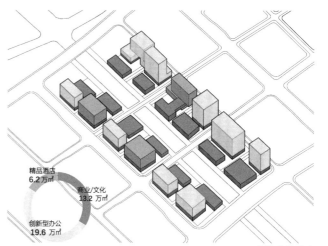

精品酒店
6.2 万㎡

商业/文化
13.2 万㎡

创新型办公
19.6 万㎡

建筑功能分布

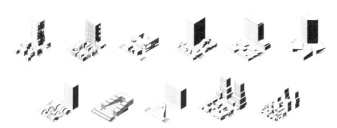

街块形态

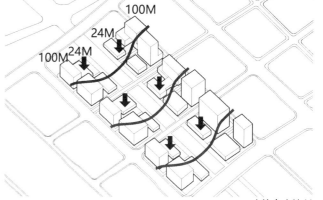

建筑高度控制

后解放河滨水数字园区鸟瞰图

后解放河滨水数字园区夜景

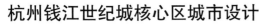

杭州钱江世纪城核心区城市设计
URBAN DESIGN OF THE CORE AREA OF HANGZHOU QIANJIANG CENTURY CITY, ZHEJIANG

　　项目位于杭州钱江世纪城 CBD 核心区，由一组集聚的商务办公楼建筑群组成，总用地面积为 22.32 公顷，总建筑面积 112 万平方米，建筑功能主要包括商务办公、商业、酒店和部分公寓。城市设计的目标是打造钱江世纪城公共活动中心。城市设计结合该地块附近的盈丰路地铁站，策划具有较高功能混合度的多功能建筑群，适合整个 CBD 人群在该地块所形成的公共空间体系中活动。

　　城市设计理念重在打造该地区多层面的公共空间体系，步行化的地面空间网络，形成大体量建筑群之间小尺度地面街网格局，为克服穿越区域中心的主干道市心路对步行系统的切割，在主干道上部建立一个架高平台，成为该区域乃至整个钱江世纪城的公共广场，成为人们进行各类城市生活活动的核心场所。同时该平台连接了周边商务建筑楼群，并连接地面、地下及架高平台多个层面的城市公共空间，设置为步行者提供便利的各类商业、文化、体育等公共服务设施功能，使其成为具有标志性和吸引力的活力中心。

设 计 者：孙彤宇 许凯
工程规模：总用地面积：22.32hm² 总建筑面积 112 万 m²
设计阶段：城市设计概念方案
委托单位：杭州市钱江世纪城城管委会

核心区多层面城市公共空间

核心区城市空间形态

"钱江之云"

二层活动平台

公寓

办公

商业

酒店

地下联合开发空间

商业
酒店
公寓
办公
二层活动平台
地下空间

建筑功能分布图

核心区城市空间俯视图

核心区城市公共活动平台

海南陵水黎安国际教育创新试验区规划与城市设计
PLANNING AND URBAN DESIGN OF HAINAN LINGSHUI LI'AN INTERNATIONAL EDUCATION INNOVATION PILOT ZONE, HAINAN

海南自由贸易港陵水黎安国际教育创新试验区，位于陵水县新村港、黎安港之间；南面牛白山之南，就是茫茫南海；中间山牛港，成为自然生态蓝绿核心；北面通过文黎大道对外连接。建设范围自然条件得天独厚，山海湖田林湾岛生态丰富；整体建设规模宏大、配套完整，是中外合作文化交融的新型大学园区。

通过规划设计、城市设计、建筑设计、景观设计四步走，设计呈现出八大设计特色：①人字布局：尽情依山面水，沿湖一撇一捺，描绘独一无二的优美的滨水国际校园格局；②向心结构：七轴向心放射，三路随坡就势，形成所有路口和节点皆可俯瞰新村港的规划结构；③带型功能：五带平行布置，专享共享互动，造就"大共享小学院"的新型国际教育功能关系；④远近高低：湖湾路成主景，图书馆制高点，天际轮廓按近24米，远36米控高可看远山；⑤庭院深深：四条边各不同，三合院千平米，学院和生活街区形成独有的归属感空间；⑥定制建筑：个性单体类型，冷暖色彩对答，每组建筑依据功能和文化专门设计没有复制；⑦大气景观：绿化廊带各异，自然人工结合，为园区师生和访客留出足够的生态和游憩空间；⑧配套齐全：管道集中供冷，市政设施完备，提供水电气消防人防刚性保障和点状柔性服务。

设 计 者：李振宇　王骏　涂慧君　徐杰　谈松　刘敏　邓丰　董正蒙　徐旸　肖国文　羊烨　屈张　汤佩佩　等
工程规模：规划设计范围 1 272hm²　详细设计范围 390hm²
设计阶段：控制性详细规划、城市设计、修建性详细规划
委托单位：海南陵水黎安国际教育创新试验区管理局

整体鸟瞰图

一期鸟瞰图 1

一期鸟瞰图 2

奉贤新城 FXCO-0019 单元及 FXCO-021 单元城市设计
UNIT FXCO-0019&FXCO-0021 URBAN DESIGN IN FENGXIAN NEW CITY, SHANGHAI

奉贤新城 FXCO-0019 单元及 FXCO-0021 单元，地处奉贤新城西北部，东至南横泾，南至八字桥路，西至肖南路，北至程普路。按原控制性详细规划，规划范围总用地面积 84.55 公顷；总建筑面积约为 1 466 000 平方米，其中商业约 1 000 000 平方米，住宅约 434 600 平方米，总建筑体量维持与原控规一致。

城市设计理念：①以一条绿色智慧廊道串联整个基地；②在东、南、中、北构建四个方院，成为商务和生活邻里中心；③商务办公组团采取"中层中密度"；④商务组团由 20 组院落组成；⑤住宅分为"活力城市社区，滨水生态社区，复合共享社区"三个特色组团；⑥重点刻画滨水景观面，加强开放性。

总体设计理念可归纳为：

一线绿荫一站联　四时有序四方院

大小高低不同处　半边华庭半边园

设 计 者：李振宇　成立　徐旸　肖国文　陈曦　许展航　唐丹　等

工程规模：占地面积 56.46hm² 建筑面积 1 466 140m²

设计阶段：城市设计

委托单位：南桥新城建设发展有限公司

整体鸟瞰图

总平面图

庭院空间效果图

沿河效果图

奉贤新城"上海之鱼"周边区块城市设计
URBAN DESIGN FOR JINHAI LAKE, FENGXIAN NEWCITY, SHANGHAI

项目位于奉贤新城东南侧，从发展模式、总体城市设计、分区城市设计和建设管控四方面为奉贤新城的公共活动和生态空间核心提供未来发展的蓝图。

依托"上海之鱼、十字水街"生态活力核心，对接大美丽产业，构建"核心引领、分区混合"功能格局，营造"城景相间、水绿共生"景观空间，塑造"疏密有致、高低错落"总体形态和"现代时尚、简洁明快"城市风貌，组织"道路下穿、疏解环路"车行系统和"中心放射、立体组织"慢行系统。

把规划研究的理念和策略转化为城市空间环境各个系统和具体地块项目的建设管理控制要求，按照系统性、公共性、易用性的原则编制手册，引导要求具有系统明确、要素可控的特点，精细化引导"上海之鱼"周边地块的建设，持续提升其整体性、公共性、特色性、宜人性和城市活力。

设计人员：王一　徐政　叶文祺　历慧慧　罗昊
合作部门（城市与规划设计研究中心）：张力　张嵩崴　马丽君　潘婉君　莫唐筠　潘佳
工程规模：基地面积 958.1hm²
设计阶段：城市设计
委托单位：上海奉贤南桥新城建设发展有限公司

整体鸟瞰图

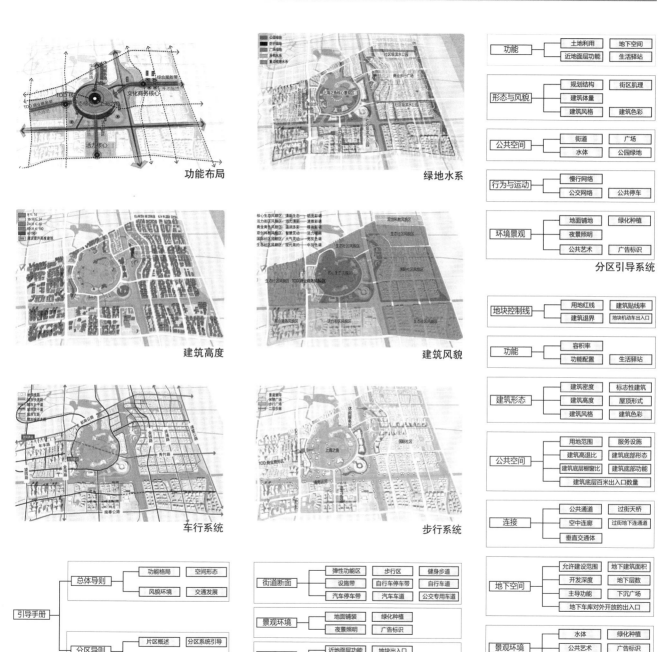

功能布局

绿地水系

建筑高度

建筑风貌

车行系统

步行系统

建设引导手册系统

街道引导系统

街坊和地块引导系统

分区引导系统

崇明城桥镇油车湾地区旧区更新城市设计
URBAN RENEWAL DESIGN OF OLD DISTRICT IN YOUCHEWAN AREA, CHENGQIAO TOWN, CHONGMING, SHANGHAI

项目功能以居住为主，兼有城市公共服务设施（商业、养老院等）与社区配套设施（社区商业设施、社区文化服务设施、幼儿园等）。基地条件优越，朝向良好，地块形状方整。

城市设计从现状空间风貌分析、土地使用分析、道路交通分析、建筑质量分析、绿化景观分析等方面出发，提出了打造集居住品质优越、生态环境优美、生活服务丰富、场所风貌鲜明的城市健康宜居社区—油车湾文化生活街区的规划目标。

方案凝练"一线一面 一街一村"作为城市设计的空间概念。规划布局结构清晰，以风车型路网连接四周城市道路，并构成中心环道。交通空间系统明确，且具有特定的场所感与识别性。环道中间地块设置中央集中绿地及社区配套服务设施，以形成整个地区的景观与公共活动中心。南侧原先的油车湾街巷空间形态予以完整保留，以突出城市空间肌理的延续性与历史环境特征。由路网分割而成的各个住宅组团与其他公建组团一起环绕中心地块布置，规模得当，主次分明，联系便捷。

设 计 者：吴长福　黄怡　谢振宇　扈龑喆
工程规模：用地面积 40.09hm²　规划总建筑面积约 300 000m²
设计阶段：城市设计
委托单位：崇明区城桥镇人民政府

整体鸟瞰图

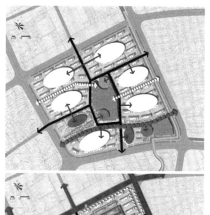

总平面图

规划分析图

规划示意图

吉利"梦想公园"项目概念规划
CONCEPTUAL PLANNING OF GEELY "DREAM PARK" PROJECT, ZHEJIANG

　　本项目为位于宁波杭州湾新区的吉利企业新总部，规划目标是创建集复合型多元化、主题公园化的创新型总部基地。设计围绕"梦想公园"的设计主题，提出吉利新总部的四大规划目标：①吉利企业形象的对外展示窗口。②集聚创新、研发、实验、培训、办公等功能的总部科技中心。③融合出行服务体验、产品多维展示、主题休闲娱乐的企业主题公园。④提供未来生活、创新服务、吸引高端人才的复合化产业社区。

　　围绕吉利新总部的四大规划目标，提出本次设计主题："世界眼·汇智洲·吉利创"。引水入园，缘湖筑岛，以展望世界之眼、汇聚五洲创新为设计意向，打造"梦想公园"的核心区，并在此基础上，拓展功能联系，融合"高端人才生活区、主题商务休闲区、总部办公区"三大主题空间，形成"一心、两带、三区"的规划布局结构。

　　企业总部大楼作为先行区，以"察势者明，趋势者智，驭势者独步天下"为理念，用象征聚集、哲学思辨，以及多维融合的圆形作为基础图底。螺旋上升的建筑形体象征着吉利团结一心、顺势得利、不断进取的成长历程，展现吉利创新进取、跨界合作、以人为本的企业精神与文化。

设 计 者：王立颖　陈继良　唐进　任翔　杨世杰　孙维群　李向阳　赵勇　吕钊　顾亚兴
工程规模：占地面积 92hm²　建筑面积 1 056 000m²
设计阶段：方案设计
委托单位：浙江吉利控股集团

鸟瞰图

世界眼核心区鸟瞰图

吉利集团总部大楼效果图

吉利集团总部大楼内院透视图

德安博阳河西岸滨河区域及丰林工业新区门户区域城市设计

URBAN DESIGN OF RIVERSIDE AREA ON THE WEST BANK OF BOYANG RIVER IN DE'AN AND GATEWAY AREA OF FENGLIN INDUSTRIAL NEW AREA, JIANGXI

博阳河西岸滨河区域属于德安县老城副中心，沿博阳河的自然水系绿化轴线位于基地东侧，为城市设计的重要景观资源。基地西侧与德安县城老城区紧邻，周边配套设施较为完善。基地周边道路已建成，交通便利；场地平整，拆迁工作部分完成；水景资源丰富，东侧为博阳河，西侧不远处有雁家湖；基地距离义峰山不到一公里，有一定的自然山景资源；基地内部留有千年古迹罗汉桥遗址。博阳河西岸滨河区域由八个地块组成。规划用地总面积为 32.0 公顷。

博阳河西岸滨河区设计理念：彰显城市山水格局，有序更新老城风貌，创建充满活力和特色、蓝绿交融的综合生态社区

丰林工业新区基地位于昌九高速公路德安上下口附近，为丰林工业新区的门户区域，是该区域内主要的居住、商办地块。区域紧邻博阳河，紧靠工业新区、高新技术产业园，周边生态绿化资源丰富。丰林工业新区门户区域由十个地块组成，规划用地总面积为 36.4 公顷。

丰林工业新区设计理念：打造宜商、宜居的产业配套区，形成产城协调发展、绿色生态、空间宜人、个性鲜明的门户窗口。

设 计 者：胡军锋　高广鑫　董天翔　张君　张鹤鸣
工程规模：规划用地面积约 68hm²
设计阶段：城市设计
委托单位：德安县规划局

博阳河西岸滨河区鸟瞰图

博阳河西岸公共绿带效果图

丰林工业新区沿博阳河透视图

丰林工业新区科创中心区域透视图

丰林工业新区鸟瞰图

重点区域办公楼透视图

沿丰林大道透视图

郑东新区白沙组团科学谷软件小镇
CLOUD INNOVATE VALLEY BAY, ZHENGZHOU, HENAN

　　软件小镇位于河南国家级大数据综合试验区核心区——郑东新区白沙组团科学谷，占地面积 318hm²。本次设计以"云谷蓝湾"为规划主题，提出了群组聚落有机生命体的设计理念，打造生态、生产与生活有机融合的创新乐园和软件创新人才工作、生活的沃土。设计方案有了四个主要特征。

　　（1）强调组团布局，构建群组聚落：设计方案借鉴生态细胞的思想，采用组团式布局，形成了"共享中心 + 创新单元"的群组聚落布局模式。

　　（2）强调蓝绿骨架，营造生态网络：蓝绿空间按照融绿成廊构网络，理水筑岛定格局的模式，形成水、绿、镇融为一体的生态格局。

　　（3）强调人车分流，打造无车街区：规划按照"人行连续，车行成环"的人车分流交通组织模式。人行街道围绕组团核心绿地布局，并相互串联；车行道路在组团外围组织，并交织成环。

　　（4）强调启动实施，构筑云溪三岛：本次规划结合实施条件确定启动区。启动区布局上将云溪在中部扩河成湖，通过水绿空间环抱，打造三个功能复合的岛式组团：创享岛——科创服务组团、创研岛——科教培训组团、创智岛——科技研发组团。

设 计 者：匡晓明　刘文波　张运新　安晓光　余阳　刘广哲　朱国营　陈晶莹　路静　赵艺昕　崔项　杨依桓
工程规模：占地面积 318hm²
设计阶段：方案设计
委托单位：郑州市城乡规划局郑东新区规划分局

软件小镇鸟瞰图

环白沙湖鸟瞰图

云溪三岛蓝绿空间框架图

共享中心空间框架图

西岛鸟瞰图

共享中心效果图

合肥华侨城空港国际小镇启动区二至五号宗地项目
HEFEI OCT AIRPORT INTERNATIONAL TOWN START AREA NO. 2 TO NO. 5 PARCEL PROJECT, ANHUI

华侨城空港小镇 投标方案位于合肥市西北部空港新城，距离新桥国际机场仅 2 公里；空港国际小镇将打造集商务总部、会议会展、创智研发、生活配套等功能于一体的新中心；本轮方案二至五号宗地为国际小镇的生活配套区；项目总用地面积约 55 万平方米，总建筑面积约 109 万平方米，建筑功能包含住宅、商业、配套服务设施及幼儿园，该方案部分得以实施。

绿池分水起涟漪：项目基地处于江淮分水岭处，自然天成的 W 形水网汇聚成两湖，通过提取独具特色的 W 地形肌理，生成规划形态草案。

智圆行方成艺趣：以波普艺术、立体派艺术、风格派艺术、印象派艺术四大艺术流派的绘画作品为构图意像，提炼设计元素，转译成建筑图底，打造特征鲜明的四大艺术主题街区。

人生舞台有天地：通过在中心景观绿轴与社区内搭建城市生活、组团生活、建筑生活场景，塑造社区文化，展示生活艺术，构建华侨城泛文化展演舞台。

庭台楼阁自相宜：以庭、台、楼、阁四种特殊房型作为整个社区的亮点，体现国际社区的多元化，同时增加项目的可识别度。

设 计 者：李振宇　徐旸　肖国文　陈曦　许展航　孙楠　张彤　黄嘉璐 等
工程规模：建筑面积 1 086 936m^2
设计阶段：方案设计、初步设计
委托单位：合肥华侨城实业发展有限公司

二至四号宗地整体鸟瞰图

沿公园透视图

五号宗地整体鸟瞰图

住宅单体半鸟瞰图

宁波滨海华侨城阳光海湾 YGB-03-05 项目

NINGBO BAY OCT GROUP HAPPY COAST YGB-03-05 AREA PROJECT, ZHEJIANG

本地块作为宁波华侨城奉化阳光海湾项目住宅部分的启动区，肩负整体大盘项目形象展示的重任。

规划设计：以望海听涛为主题，充分研究场地特征，解决建筑与东侧山体、北侧河道、西侧 04 地块高层建筑的关系。最大化西南侧海景景观，同时挖掘山景资源，尽可能保证每栋高西南观海，东南观山。建筑的低层部分以山景林地的景观为主，底层架空，引入阵阵海风。住宅布局南低北高，西低东高，沿城市主界面充分展示本项目的规划形态和建筑形象。

创新设计：本项目住宅设计是在类型学理论指导下的创新研究，其中"雁屋""爬屋""紧屋""捧屋"都是在充分研究场地和当地市场需求的基础上，为本项目度身定做的创新类型。每个住宅各具特色，既有内部空间的变化，又有形式的创新。

建筑造型设计：在统一中求变化，在整体中求个性。以"雁屋"为例，每四层形成一个节奏，通过阳台的贯通、转折和长短变化，形成独特的滨海住宅形象。"爬屋"则通过复式与平层的错层交织，产生有趣的左右对答。

设 计 者：李振宇　徐旸　肖国文　陈曦　唐丹　等
工程规模：建筑面积 64 517m²
设计阶段：方案设计
委托单位：宁波滨海华侨城投资发展有限公司

鸟瞰图

沿街透视图

总平图

雁屋透视效果图

住宅单体效果图

临沭滨河壹号规划设计项目

LINSHU BINHE NO.1 PLANNING AND ARCHITECTURE DESIGN PROJECT, SHANDONG

　　项目位于山东省临沭市，规划总用地面积 65 866 平方米。规划设计理念为："营造具有东方美学精神、传统居住文化精髓的现代园林式宜居生态社区，在规划结构上强调稳重而具有层次递进的传统文化空间礼仪秩序，在景观环境上打造蕴藏传统文化空间的现代庭院景观。"方正规整的总体规划布局结合现有基地条件契合当地传统文化和生活习惯，充分利用楼间距，实现每栋楼的景观均好性，突出楼前花园环境的打造，打通横向空间，构建开敞式内部整体花园环境和外部滨河观景视廊。住区户间景观的打造始终围绕着户户有景、一园一景的策略，洋房与花园充分交融，使每一户都拥有高品质的景观朝向。

　　在住宅建筑设计上注重以现代建筑简约大气的造型来呈现"新亚洲"建筑风格的文化内涵。充分利用东侧自然滨河景观，设计沿河大户型、屋顶花园、转角飘窗等形式，打造生态宜居的滨河亲水品质。在建筑的选材和立面细部的处理上采用米色的真石漆墙身、浅棕色石材基座等体现建筑整体的典雅与大气。在建筑顶部利用屋顶飘板材质之间的穿插来体现建筑的"飘逸"与"现代"，充分注重立面细节的刻画，将文化交融的特色通过地域文化符号和时尚元素展现出来，极大地提升住宅的价值及文化内涵。

设 计 者：吴庐生　张健　黄丹　张爱萍　陈武林　沈复宁　王慧　朱兴宇　葛成斌
工程规模：规划用地面积约 65 866hm²　总建筑面积 181 715.08m²
设计阶段：方案设计
委托单位：临沭利城置业有限公司

整体鸟瞰图

史丹利 滨河壹号

总平面图

沿街效果图

6#7#17# 楼效果图

11#12# 楼效果图

御庭名苑
YU TING MING YUAN, GANSU

　　御庭名苑位于天水市秦州区东十里河区域，基地北侧为羲皇大道，东西两侧为规划路。建设用地 37 094 平方米，用地形状基本呈方形，地块整体呈北低南高趋势，最大高差约 3 米。

　　项目设计结合周边环境优势，充分利用场地高差，合理布局，实现景观资源利用最大化。设计中，合理分布大小户型，在满足容积率和户型配比的前提下，实现高层景观视野最大化。对于分布形态，我们结合土地价值分析，采用板式住宅，进行整体的空间布局，增强小区整体的"透气性"，营造良好的空间形态。强调小区内部规划的中心景观设计，强调景观层次的丰富性和共享价值。设计建造一个自然和谐、独具魅力的人居环境，为居民提供配套设施现代化、居住环境生态化的一流社区。确保使用功能合理，居住、活动、文化及绿化景观是居住区使用功能的主体，坚持适用、安全、经济、美观的设计原则。

设 计 者：胡军锋　高广鑫　董天翔　张君　张鹤鸣
工程规模：建筑面积 130 000m²
设计阶段：方案设计
委托单位：天水天翔房地产开发有限公司

鸟瞰图

小区入口透视图

沿东侧规划路透视图

小区内部透视图 1

小区内部透视图 2

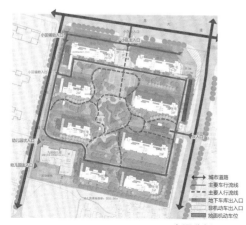
交通分析

消防分析

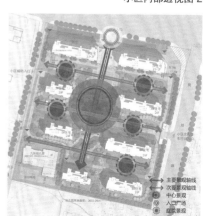
景观分析

海南陵水黎安国际教育创新试验区学生生活二区
SECOND DISTRICT STUDENT LIFE IN LINGSHUI INTERNATIONAL EDUCATION INNOVATION ZONE , HAINAN

　　本项目在总体规划中，充分考虑了场地与公共绿地、景观绿轴、居住组团所围合形成的绿色庭院的多层级性，以"多元共享"的概念整合了景观、居住、活动。以圆形公共活动空间将四组院落型居住组团串接，形成了与学生生活区相契合的类型学组团，同时，考虑了地形地貌的竖向设计和场地设计，结合海南的气候特点，采用底层架空等手法以形成多层级的丰富公共活动空间。

设 计 者：刘敏　何广　倪峰
工程规模：总用地面积 56 187m² 　建筑面积 80 248m²
设计阶段：方案设计、扩初设计、施工图设计
委托单位：海南陵水黎安国际教育创新试验区管理局

整体鸟瞰图

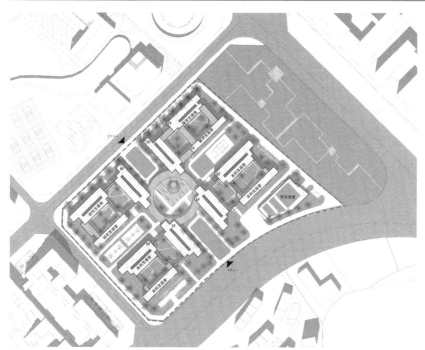

总平面图

中心庭院

圆环公共空间

透视图

海南陵水黎安国际教育创新试验区教师宿舍
TEACHERS' DORMITORY OF LI'AN INTERNATIONAL EDUCATION INNOVATION PILOT ZONE IN LINGSHUI, HAINAN

本项目位于海南陵水黎安国际教育创新试验区的生活共享带。

教师宿舍和国际教师宿舍北面望湖，南面观山，景观视野极佳，旨在营造共享、交往、活力、健康品质生活空间。国际教师宿舍由两个"口"字形院落组成，顶部采用层层退台的形式，使观山观湖景观视野最大化；底层架空形成视线通廊，围绕底层中庭布置共享活动空间、商业配套空间等服务设施，营造舒适便利的生活氛围。建筑的公共电梯厅设置共享活动空间，为国际教师提供更多沟通交流场所；宿舍中设多种户型，包括三种平层户型和三种跃层户型，面积段分为 50 平方米、70 平方米、100 平方米、130~140 平方米，不同的面积配置满足教师的多种居住需求。

教师宿舍主要服务对象为国内教师。宿舍平面布局呈"π"字形，在保证每户有通风和采光同时，争取最大景观资源。在宿舍北可观湖处隔层设置一处挑空的共享空间，为每位教师提供一个交流、生活、运动的生活平台。教师宿舍分为五种户型，面积分为 50 平方米、70 平方米、120 平方米。

教师宿舍注重公共活动空间的品质，全力将社区打造成开放的、人性化、共享的现代化生活区。共享空间将景观引入室内，形成"建筑在绿中，绿在建筑中"的自然融合氛围。

设 计 者：李振宇　徐旸　肖国文　陈曦　张彤　等
工程规模：占地面积 1.61hm² 建筑面积 31 358.11m²
设计阶段：方案设计、初步设计
委托单位：海南陵水黎安国际教育创新试验区开发建设有限公司

整体鸟瞰图

国际教师宿舍室内效果图

教师宿舍透视图

国际教师宿舍透视图

城发·文华府

CHENG FA WEN HUA FU, JIANGXI

　　城发·文华府项目位于德安县老城区罗岭路南侧，属于义峰山公园片区，基地与道路北侧德安一小和幼儿园地块隔街相望。基地交通便利，城市基础设施完备。

　　项目用地不规则，地形高差变化大。基地北侧罗岭路最高点 (28.7 米) 至西侧路口 (22.6 米) 高差约 6.1 米；罗岭路最高点 (28.7 米) 至东侧红线端 (27.0 米) 高差约 1.7 米。基地南北方向高差不等，局部位置高差达 7~8 米，设计难点是场地高差处理。

　　方案设计结合场地交通和景观条件，采用大平台的方式化解高差。沿街底层解决商业和住户的车行流线；车库顶层作为小区住宅的入口层，可完全实现人车分流；步行道与景观结合，充分实现景观价值。

　　设计中，合理分布户型，在满足容积率和户型配比的前提下，实现建筑景观视野最大化。

设 计 者：胡军锋　高广鑫　董天翔　张君　张鹤鸣
工程规模：建筑面积设计 21 000m²
设计阶段：方案设计
委托单位：德安县城投房地产开发有限公司

鸟瞰图

透视图

总平面图

文昌市官坡湖海绵公园项目
GUANPO LAKE SPONGE PARK, WENCHANG, HAINAN

官坡湖公园位于海南省文昌市高铁站前区域，是文昌市重要的形象门户节点。在生态文明建设背景下，设计团队创新性地提出了在高铁站前区域打造生态海绵公园的方案。

公园设计保留区域现状"山、水、田、村、林"的资源特色，留住基地历史记忆，呼应中式传统院落中"景屏、中庭、后院"的递进空间关系，打造入城门户地标的景观屏障、山水林田肌理的生态客厅、休闲活力的惠民后花园等多层次景观空间，从而形成独具文昌特色的多样生境生态画卷。

设计贯彻耕地保护等相关要求，梳理现状农田水系后采取低影响开发和分步弹性建设的实施策略，通过水田、圩田、垛田等多种方式营造"以田为湖"的特色湿地农田景观。在功能活力的营造上，设计保留生态敏感度较高的区域，以圈层模式沿田湖外围植入服务周边市民的休闲游憩功能，打造富有地方特色的惠民活力带及环湖风景道。

设　计　者：江浩波　马云富　夏敏　陈超　王辉　邓晨宇　邱俊雅　丁文韬　俞涵
工程规模：占地面积 83.6hm²
设计阶段：方案设计、扩初设计、施工图设计
委托单位：文昌市住房和城乡建设局

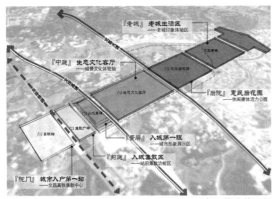

空间递进关系图

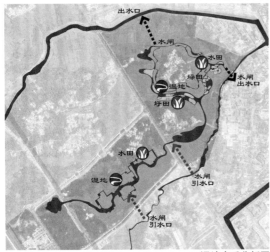

湿地水系分析图

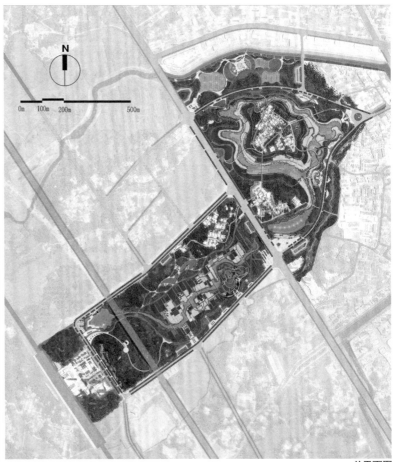

总平面图

节点效果图

入口鸟瞰图

厦门翔安洪前公园概念性方案
XIANGAN HONGQIAN PARK CONCEPTUAL DESIGN, XIAMEN, FUJIAN

公园位于厦门市翔安区翔安南路和翔安大道交叉口东北侧。翔安大道作为翔安区产城一体发展轴贯通南北，翔安南路连接"一场两馆"、新会展片区、城市副中心，未来将成为连通岛内的第二东通道，构成翔安东西向主要发展轴线。

基于公园在城市未来发展中的重要战略地位，本次设计将公园定位为有厦门特色兼具时代气息的城市综合公园，结合田园、花园、乐园，打造特色"三园一体"城市活力空间、文化地标空间、生态复育空间。

方案以海浪为概念元素与灵感来源，将海浪的翻转、层叠、融合与公园空间结合，用地形、植物、道路、灯光等元素加以表达，形成流动的、丰富的、立体的、多样的公园空间；从田园肌理获得灵感打造织锦的花海与绿波等植物空间；从古厝屋脊中提炼元素融合于构筑和小品，点滴中体现地域文化。

公园以"一核、一环、两带、多点"为设计结构，设置六大功能分区以及十大特色节点。一核——康体活力核心，一环——全龄休闲游憩区环，两带——林荫生态绿带、滨水生境蓝带；六大功能分区为活力运动区、文化展示区、生态体验区、生态科普区、艺术观赏区和民俗文化区；十大特色节点为飞扬剧场、彩虹运动带、健康运动场、星光大道、山屿花海、乡土风情园、缤纷草甸、生态溪谷、浪漫花园和踏浪园。

设 计 者：周向频　闫红丽　周华娇　钱梦阳
工程规模：占地面积 34.01hm²
设计阶段：方案投标
委托单位：厦门翔安建发城建集团有限公司

鸟瞰图

飞扬剧场效果图

主入口效果图

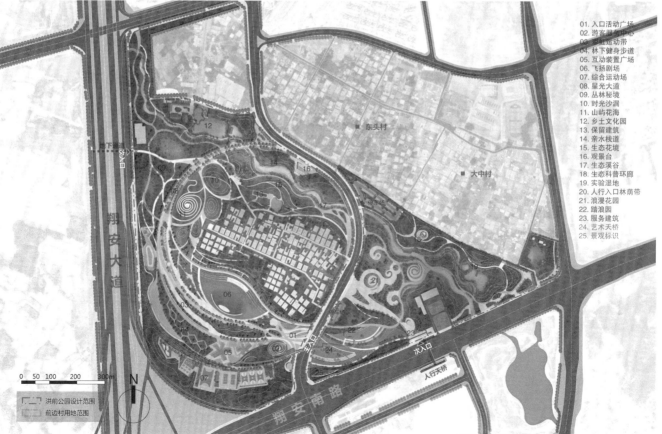

01. 入口活动广场
02. 游客服务中心
03. 彩虹运动带
04. 林下健身步道
05. 互动装置广场
06. 飞扬剧场
07. 综合运动场
08. 星光大道
09. 丛林秘境
10. 时光沙漏
11. 山屿花海
12. 乡土文化园
13. 保留建筑
14. 亲水栈道
15. 生态花境
16. 观景台
17. 生态溪谷
18. 生态科普环廊
19. 实验湿地
20. 人行入口林荫带
21. 浪漫花园
22. 踏浪园
23. 服务建筑
24. 艺术天桥
25. 景观标识

总平面图

义乌双江湖新区环湖景观概念规划
CONCEPTUAL PLANNING OF LAKE SURROUNDING LANDSCAPE IN SHUANGJIANG LAKE NEW DISTRICT, ZHEJIANG

　　2019 年成立的双江湖新区是义乌突破产业瓶颈的前沿阵地，同时也是义乌以"POD"模式进行城市更新和建设的标杆区域。本次概念规划将为双江湖新区的建设做前瞻性设想。

　　通过规划设计，打造"生长的弹性水岸"，形成具有水利、水务功能的城市郊野公园，兼顾城市发展和文化旅游，助力双江湖新区成为义乌未来最重要的产业转型新区，生态城市和智慧城市典范，幸福指数高的宜居城市。双江湖环湖景观空间既是产业空间，也是文化体验空间，更是生活休闲空间，设计将业态、文态、生态完美融合。

　　具体策略为：产景融合——充分融合产业空间与生活空间，并将产业空间形态完美融入新城总体形态中；文化印记——记录义乌商贸文化的历史发展历程，留下义乌人的精神印记；生态宜居——原生生态环境与城市紧密结合，为人们提供便捷的自然体验空间，城市中水绿城共生，人们身边即有生态场所。

设 计 者：孙颖　应佳　陆曦　王丽　詹家伟　叶晓婷　江佳玉
工程规模：占地面积 590hm²
设计阶段：概念规划
委托单位：浙江省水利水电勘测设计院

总体鸟瞰图

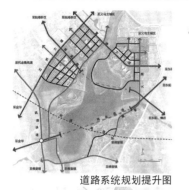

道路系统规划提升图

重要产业和文化设施布局规划图

地标节点与视廊规划图

功能分区图

总平面

总平面图

生态水岸
幸福水岸

① 水库管理处	㉑ 水上运动中心
② 水利博物馆	㉒ 海云禅寺塔
③ 搀塘担自然露营农场	㉓ 河口湿地
④ 旅游码头	㉔ 义乌水街
⑤ 光彩大道	㉕ 高端住宅区
⑥ 艺术中心	㉖ 五洲"丝路之光"
⑦ 义乌人精神广场	㉗ 联义岛
⑧ 文化馆	㉘ 水幕剧场
⑨ 图书馆	
⑩ 运动生活馆	

智慧水岸

⑪ 柔水花街	贸易大厅
⑫ 会展中心	花园办公
⑬ 新丝路艺术广场	大数据中心
⑭ 区域游船码头	市场创新商务中心
⑮ "义乌速度"动态景观	绿色智慧谷
⑯ 生产力服务中心	智慧城市展馆
⑰ 创新发布中心	湿地服务中心
	义乌江·水文化公园

科创水岸

工业水厂净水湿地	
中国计量大学义乌校区	
糖厂创意花园	

鸟瞰图

227

陕西省第十七届运动会——榆林水上运动中心项目景观设计
THE 17TH SHAANXI GAMES——LANDSCAPE DESIGN OF YULIN AQUATIC CENTRE, SHAANXI

项目位于榆林科创新城怀远四路以东、怀远二路以西、会展东路和平凡路以南、智慧路以北，规划总占地面积约83.51hm²，其中水面占地约33公顷，道路、景观、绿地、公园等占地约50.53公顷。设计核心目标在于打造全国最具特色的水上运动中心——大漠中的绿色丰碑：设计紧扣榆林的历史文化与地域特色，体现城市的历史发展与未来创新，打造一个集聚活力的水上中心、传承文化的新城地标、环境共融的城市绿肺。项目主要建设内容包括新建赛道、附属建筑、环湖景观带、环湖道路、公园（包含运动公园、生态体验公园）以及疏干水工程共六个子项目。

环景观绿带总面积约90 795平方米，平均宽度约20米，设计主要通过激活赛道边界、呼应城市格局、连接公园游览体系、串联环湖步道等策略满足滨湖观赛、滨湖健身、滨湖休憩等游憩机会。

运动公园位于水上赛道西北角，总面积约153 357平方米，以市民体育运动、健身为主要游憩功能。设计策略主要包括：生态筑底，充分利用地形打造各类特色运动场地；呼应周边环境，助力公园城市；全年龄参与，点燃新城活力。

生态体验公园位于水上赛道东南角，总面积约159 890平方米，以生态认知、生态体验、文化展示等为主要功能。设计充分尊重并利用场地地形，延续场地文脉，减少对生态环境的破坏，并结合起伏的地形设计低干扰的架空步道体系串联全园，同时利用地形、植被等自然要素，抽象化表达榆林地区特色防风治沙文化。

设 计 者：李瑞冬　彭唤雨　项竹君
工程规模：占地面积83.52hm²
设计阶段：方案设计、施工图设计
委托单位：榆林科创新城建设有限公司

总体鸟瞰图

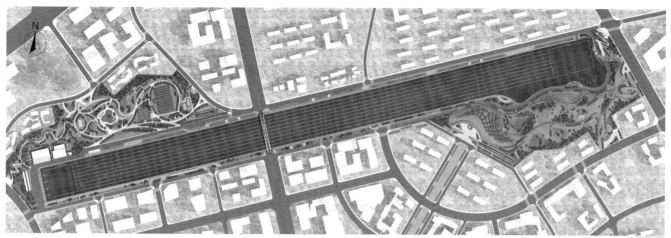

总平面图

生态公园鸟瞰图

体育公园鸟瞰图

生态公园主入口效果图

运动公园活动场地效果图

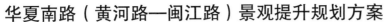

华夏南路（黄河路—闽江路）景观提升规划方案
LANDSCAPE PLANNING OF SOUTH HUAXIA ROAD (HUANGHE ROAD TO MINJIANG ROAD), HENAN

华夏南路是鹤壁着力打造的林荫景观大道，是鹤壁樱花品牌的策源地和城市名片，项目规划范围北起黄河路，南至闽江路，南北长度约3 500m；东西向包含道路中央绿化带、车行道、人行道及两侧沿街绿地等区域，东西宽约100~150m，景观规划面积约50hm²。

规划以提升华夏南路景观形象、完善休憩功能、构筑城市名片为缘起，以"樱花"为主题，统筹道路、附属设施及沿街风貌等要素，打造集"生态游憩、休闲康体、旅游观光、形象展示"等为一体的鹤壁最美街区示范区、最美樱花大道、最美中央公园。

"靓"一路风景，"道"两侧芳华。街道提升是一项包含道路红线内外街区空间的综合性复杂工程，由于红线内外由不同的单位建设及管理，涉及多个部门的协调，往常同类项目难以体现街道形象的整体性。华夏南路景观提升采用的是融合三大空间（道路交通空间、中央绿带空间、建筑退界空间）及五大系统（绿化种植、休闲游憩、市政设施、配套服务、沿街风貌）一体化打造的总体技术路线，打造鹤壁"靓道计划"的示范样板，形成可复制、可推行的道路综合提升技术模式。

设 计 者：江浩波　马云富　王辉　刘佳卉　邓晨宇　夏敏　邱俊雅　丁文韬　俞涵
工程规模：占地总面积约50hm²
设计阶段：方案设计
委托单位：鹤壁市淇滨区园林绿化中心

鸟瞰图

节点效果图

总平面图

建成照片

衢州市市政广场和市民公园改造提升项目设计

THE RECONSTRACTION DESIGN OF CITIZEN PLAZA AND CITIZEN PARK,QUZHOU, ZHEJIANG

　　项目位于浙江衢州市智慧新城核心区域，紧邻市政府及两中心（便民服务中心和文化艺术中心）南侧，是古城之西、新城之东、三江交汇的重要景观节点。设计对市民广场及市民公园进行整体的改造提升，确定公园的功能与定位，改造内容包括但不限于公园配套设施、交通组织、景观风貌、绿化种植等方面。

　　项目性质复杂，既是市民公园，又是市政广场，同时还要承接两中心，设计不仅是城市开放公园，同时又具有较多市政功能。项目的基础是对现状绿地的修复提升，主要通过项目的建设实现城市绿地体系的完善，以及区域内多重城市功能的整合。设计团队分析公园面临的多维改造需求，重新审视市民广场及市民公园的核心价值与特色，将公园的改造定位为：城市公共门户、综合性公园、生态滨江绿道三位一体的开放、共享、生态空间。

　　设计以"衢径通盈，三带共舞"为理念，以极简形态的衢水天镜致敬周边多彩的城市空间，托举出一方舞台，召唤市民参与，从而可以见证城市多姿多彩的生活，市民在活动中可以触摸城市的文脉，感受历史的流淌，"沧浪之水清兮，可以濯我缨"，可以涤荡我心，可以承继城市历史文化的灵魂。设计同时强调"以带为系"，通过景观功能带的设置，向上呼应城市的沿河绿带体系建设，成为城市新绿带的起点。"三带"迎合基地形态，有效组织功能与空间，将变化与统一集于一身。

设 计 者：李瑞冬　李伟　潘鸿婷　彭唤雨　顾冰清
工程规模：用地面积 21.94hm²
设计阶段：方案设计
委托单位：衢州市西区投资有限公司

市政广场与市民公园总体鸟瞰图

衢水天镜改造鸟瞰图

衢水天镜改造效果图

特色紫藤廊改造效果图

三江剧场观景平台效果图

亲子乐园环形艺廊改造效果图

智慧驿站效果图

乐活骑跑道效果图

衢州斗潭公园改造提升工程
THE RESTRUCTION OF DOUTAN PARK,QUZHOU, ZHEJIANG

景观设计以现状条件为基础，分析公园面临的四个维度改造需求（公园自身改造需求、斗潭片区城市更新、古城保护发展、衢州历史文化传承要求），重新审视斗潭公园的核心价值与特色，将公园的改造定位为：延续历史、迎合新风的综合性遗址公园。

设计目标为重拾斗潭的核心价值与特色碎片，塑造记忆的路由，串联历史的碎片，形成由古到今的记忆断面。设计主题为：记忆路由——古城遗韵 · 斗潭新风。根据现状将主题演绎分为三个部分：文昌风骨（西段）、北门记忆（中段）、城墙古韵（东段）。

改造策略：①历史主线的强化；②滨水空间的优化；③边界空间的整合和塑造；④游览体系的联通和完善；⑤内部空间的梳理与优化；⑥功能设施的补充与植入。

设 计 者：李瑞冬　廖晓娟　彭唤雨　顾冰清　项竹君
工程规模：道路总长度 1 576m
设计阶段：方案设计、施工图设计
委托单位：衢州市自然资源和规划局

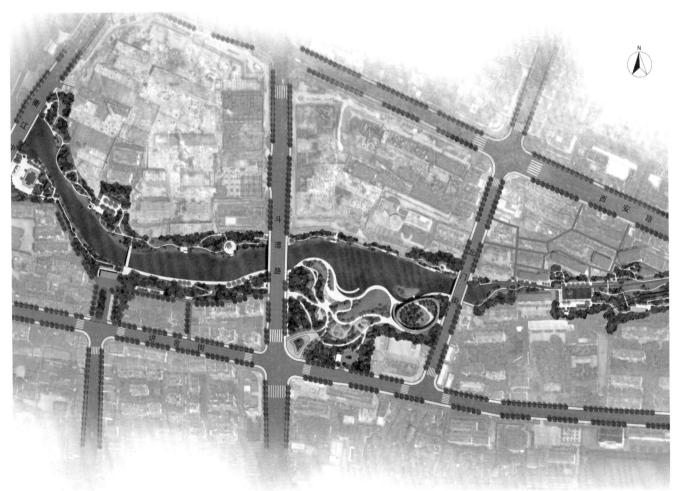

总平面图

滨水区改造效果图

"北门记忆"改造效果图

东段残垣穿越改造效果图

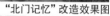

东段滨水区改造效果图

西段文昌阁对面新增步道改造效果图

西段车库改造效果图

茂名市奥体中心景观方案设计
LANDSCAPE DESIGN OF MAOMING OLYMPIC SPORTS CENTER, GUANGDONG

　　项目位于广东省茂名市茂名高新区共青河新城，属于新城中心的奥体运动片区，也是共青河新城组团的文体艺术中心。项目基地分为东西两个地块，东面地块四面邻路，西面地块东、南临路，西、南临水。

　　景观定位为城市地标与全民乐园，设计强调景观作为纽带融合建筑与环境、地块与区域、城市与公园，与基地环境要素等共同创造城市滨水价值和地标性景观，打造多元、活力、连续的城市公共绿带。设计理念延续建筑主题，以"海纹绕贝、红荔环润"为主题元素，融合东西两个地块和各部分组成空间，形成空间的交织与共融。

　　景观设计主要分为滨水活力带、场馆联络带和临街形象带三大块内容。设计思路主要强调滨水空间的打造，通过滨水空间的外借与内造，营造多维景观空间，包括"环桥踏水""高台眺水""叠台入水""平台望水"等多层次的景观节点。在景观形态上以流线型景观形成对场地记忆的回应与重塑。在功能设置上，强调情境化体验，容纳活力乐园、开放公园、休闲广场、户外体育等功能，通过多元功能空间的塑造，形成全民共享的户外乐园空间。

设 计 者：李瑞冬　廖晓娟
工程规模：占地面积 216 369.4m²
设计阶段：方案设计
委托单位：保利华南实业有限公司

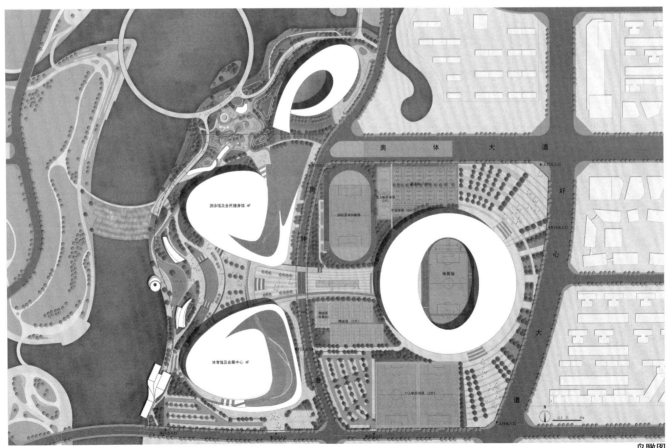

鸟瞰图

总体鸟瞰图

高台眺水区效果图

场馆联络带效果图

全民乐园区效果图

滨水公园区效果图

海纹绕贝　红荔环润

两个主题元素、地块内外空间在景观空间中交织、共融

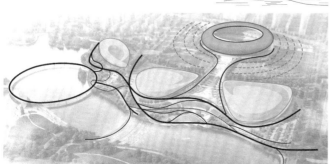

设计理念

环桥踏水

高台眺水

叠台入水

平台望水

滨水价值 多维景观

滨水空间的外借与内造

设计思路

清远市奥体中心建设工程景观设计
LANDSCAPE DESIGN OF QINGYUAN OLYMPIC SPORTS CENTER CONSTRUCTION PROJECT, GUANGDONG

项目景观设计在布局上描翎绘羽，承接、强化建筑形体凤凰之势，重要广场的设计寓意于物，将凤之五德与体育精神的精髓融会贯通、物化落实，深化凤城承传统美德、籍奋斗不息的体育精神腾起奋飞的主题。

设计围绕场馆形成绿丘起伏的全民运动体验区、家庭休闲游憩区、滨水认知体验区。全民运动体验区将专业化的场地有机融汇于绿色基底，兼容篮球、网球、羽毛球、乒乓球、田径、轮滑、滑板、健身、蹦床、趣味儿童游乐等 20 余项活动。家庭休闲游憩区提供观景、野餐、垂钓、划船、滨水观演等活动。滨水认知体验区于水体北侧形成小型湿地，打造自然教育、科普基地。大平台是赛时人流引导与集散的主要通道，通过布展条件的预留，赛后将成为一处独特户外的文艺展廊。

项目全区形成律动山丘、悦动水岸、欣动草坪三大特色景片，各景片内分别塑造一处大地景观，有序相连，打造具有震撼性的景观肌理。全民运动区绿丘起伏，远观宛如凤羽、动势鲜明，入内空间宜人、层次丰富；休闲区大草坪与平台侧绿坡无缝衔接，杂花大草坪增添一处闹市中难觅的乡野景观；滨水剧场看台鸟瞰形成规律的地形褶皱，入内面向音乐喷泉，成为绝佳的聚会之地。

设 计 者：李瑞冬　李伟　翟宝华
工程规模：占地面积 60.85hm²
设计阶段：方案设计、施工图设计
委托单位：清远保泓置业有限公司

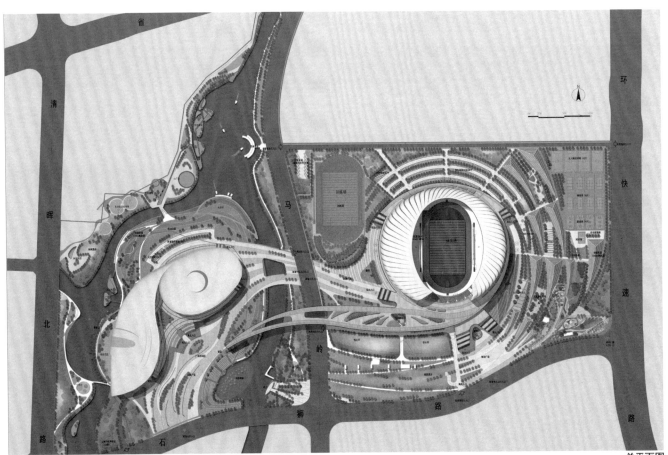

总平面图

鸟瞰图

剖面图

律动广场效果图

游泳馆前广场鸟瞰图

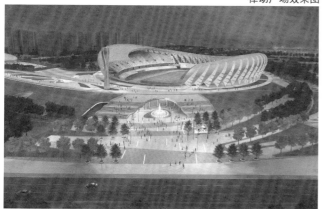

尊礼广场（体育馆）效果图

展翼广场（游泳馆）效果图

松滋市革命纪念园（地标广场）
SONGZI REVOLUTIONARY MEMORIAL PARK, SONGZI, HUBEI

项目位于湖北省中南部，长江中游南岸，东连江汉平原，与江陵、公安毗邻，西与五峰、宜都接壤，南连湖南澧县、石门，北枕长江，与枝江隔江相望。区域旅游资源得天独厚，国家级风景名胜区洈水风景区融山、水、溶洞、林、泉于一体。项目地块邻接贺炳炎大道、江城大道、白云路等当前和未来的主要干道，并位于市政府机关的延伸线上，交通优势显著。

本案在公园入口，园内山丘等重要节点位置，结合任务书要求，分别设计了革命纪念与展示馆、市标/纪念碑及革命烈士纪念馆等建筑物及构筑物，并在此形成园内最为重要的节点空间。革命纪念与展示馆为入口广场的主体背景，建筑形似一艘扬帆远航的大船，寓意美好蓬勃的城市愿景。整个广场地形逐渐抬升，将市民引向城展馆二层室外平台。由建筑构成的门洞取"胜利之门"的寓意，同时也是视觉上联系东西片区以及俯瞰整个公园的绝佳观景平台。

设 计 者：钱锋　汤朔宁　杨文俊
工程规模：建筑面积 200 300m²
设计阶段：概念设计
委托单位：松滋市住房和城乡建设局

整体鸟瞰图

总平面图

半鸟瞰图

景观墙效果图

入口透视图

宁波文创港核心区滨江水岸项目样板段（一期）工程

DEMONSTRATION PROJECT (PHASE I) OF THE WATERFRONT IN THE CORE AREA OF NINGBO CULTURAL AND CREATIVE PORT, ZHEJIANG

　　宁波文创港位于甬江北岸，紧邻三江口，是沿甬江横向展开约2.4公里长的带状滨水空间。其样板段位于文创港中部核心位置，是文创港滨江水岸一期示范工程。整个滨江水岸通过景观空间的塑造，体现宁波港埠文化及其影响下带动的文化融合，还有宁波人敢为人先、创新睿智的精神。设计以一条港埠记忆轴串联整个滨江水岸，连接五大主题分区，即大港起锚地、丝路活化石、海纳百川埠、甬立浪潮头、未来新港梦。其中样板段涉及"海纳百川埠"和"甬立浪潮头"两个分区。

　　空间处理上设置二层景观平台，形成临江与高架平台的双层空间体验。其中下层临江界面，设置阅江慢行道，全线贯通临江空间。保留利用现状船坞和码头，结合波浪形态形成连续的空间开合变化，放大区域成为可灵活使用的广场空间。

　　上层景观平台与滨江水岸通过绿坡、绿台、绿廊等多点连接，以沐新慢行道串联起多个活动空间，如交流花园、盐晶花园、运木乐园、创意球场、鱼行海棠等，满足不同年龄段多样的休闲活动需求。景观平台下隐藏设置停车库和配套建筑，使其完全消隐于整个滨江水岸绿地中。

设 计 者： 孙颖　应佳　陆曦　谢俊　贾林笳　陈海华　王丽　叶晓婷　詹家伟
工 程 规 模： 占地面积 5.74 hm²
设 计 阶 段： 方案设计、初步设计、施工图设计
委 托 单 位： 宁波文创港投资开发有限公司

整体鸟瞰图

潮汐花园

船情花园

弄潮湾广场

花之旋境的旋转楼梯

夜景

旱喷互动广场

特色卷板座椅

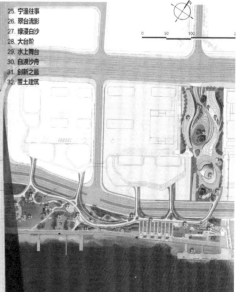

1. 入口花园
2. 旱喷互动广场
3. 保留塔
4. 雨水花园
5. 教堂入口广场
6. 基督教堂
7. 融汇台地花园
8. 凭江观潮
9. 弄潮湾
10. 踏浪翻波(服务建筑)
11. 滨江漫步道
12. 盐晶花园
13. 阅江漫步道
14. 花之旋境
15. 运木乐园
16. 滑板场地
17. 阳光绿坡
18. 无限集市
19. 创意运动园
20. 篮球场地
21. 潮汐花园
22. 望江看台
23. 一瓣烟波
24. 船情花园
25. 宁渔往事
26. 翠台流影
27. 绿浸白沙
28. 大台阶
29. 水上舞台
30. 白浪沙舟
31. 创新之巢
32. 覆土建筑

总平面图

宁波文创港核心区滨江水岸启动段景观

SCENERY OF THE START-UP SECTION OF THE RIVERSIDE WATERFRONT IN THE CORE AREA OF NINGBO CULTURAL AND CREATIVE PORT, ZHEJIANG

在宁波江北区港埠三区的码头和堆场区，过去货物满载、车船繁忙、水铁联运的景象随着该片区功能由仓储物流转变为崭新的综合创新发展片区而消失，未来这里是具有后工业特征的公共开放空间。设计保留码头、大型起重机及其轨道、堆场隔离墙、高大灯柱、系船缆桩……利用富有工业风格的钢板构筑的种植池、货车车斗形态的座椅、铁轨钢轨和枕木组成的栏杆、钢缆构成的绿化攀爬架等景观元素，昔日码头将成为儿童游戏、社团活动、节日庆典的热闹场所，形成既有场所记忆又有人性化休闲设施的公共开放空间。

配套服务建筑以宁波"宝顺轮"为主题，整体形态似船只扬帆出海，下部景观水池似海面呈托起"船体"，二层观景平台连接跨街人行天桥，形成便利的过街通行空间，同时可总览整个滨江景观。

设 计 者：陆曦　孙颖　张丙德　刘健　谢俊　詹家伟　王丽　叶晓婷　应佳　陈海华　马丽君　葛云飞

工程规模：占地面积 23 750m²

设计阶段：方案设计、扩初设计、施工图设计

委托单位：宁波文创港环球产城发展有限公司

鸟瞰图

总平面图

钢筋种植架

配套服务建筑

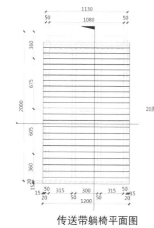

传送带躺椅平面图

传送带躺椅剖面图

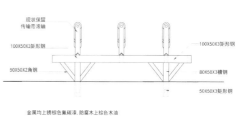

传输带改造构架侧立面图

响水县陈家港镇市民公园方案设计
CIVIC PARK DESIGN OF CHENJIAGANG TOWN, JIANGSU

市民公园位于盐城市响水县陈家港镇生活核，临近老镇区，以"郁水康居，乐活港城"为主题，通过对原有建军广场的改造提升，从功能、空间、生态三种维度出发，旨在打造凸显人性关怀和健康理念的活力生活地标、承载城市集会和社交活动的城市文化窗口、体现港城生态建设导向的生态湿地公园——"三位一体"的市民公园。

为了解决原有广场定位不清、功能不强、生态薄弱和形象破旧的问题，设计提出了新的策略：

（1）激发城市区域活力，点燃城市发展热情的功能策略；

（2）整体生态系统弹性的自我发展计划的生态策略；

（3）依托"盐"文化、"渔"文化，联动生态文化的文化策略；

（4）应用尽用，现状植物升级、场地土方平衡、水景小而精的成本策略。

游客服务中心采用"红色爱心纽带"的设计意向，形态结合水中倒影宛若一只灵动的蝴蝶栖息在水边。

设 计 者：边克举　余露　尹宏德　王佳琪　李铭洲
工程规模：占地面积 33 800m²
设计阶段：概念方案
委托单位：江苏兴海控股集团有限公司

透视效果图

文化广场鸟瞰图

如意湖鸟瞰图

游客服务中心透视图

青神县唤鱼公园
CALL FISH PARK, QINGSHEN, SICHUAN

　　青神唤鱼公园（后改为青神县滨河文化公园）位于四川省眉山市青神县，毗邻岷江，是青神县打造景城一体化的示范性、高品质的城市公共空间。在这样的大背景下，为了更好地增添唤鱼公园的空间活力，并为市民提供更好的游园体验，提供高质量的便民服务设施，项目通过综合统筹公园的总体布局，结合功能、文化、视觉、生态等措施，针对性地设计了五处配套建筑。在满足建筑使用功能的同时，将建筑空间与公园景观空间相互渗透、自然融合，打造青神特色的公共景观配套建筑。

　　这五处新建配套建筑分列于公园的南北两侧。建于公园北侧的两座小建筑分别位于公园的两个入口，主要承担管理与游客集散的功能。配合相应主题景观，采用大地景观建筑的设计思路，打造绿色、生态、有趣的公园入口管理用房。位于公园南侧（沿岷江）的三座小建筑，主要根据对应的景观主题，满足游客休憩、娱乐、主题活动以及相应的服务管理等功能。不同的区位，使每个沿江景观建筑的特色鲜明。通过对乡土材料进行不同的构造组织，不同功能的建筑大同而小异，从而突出唤鱼公园整体的景观效果。

设 计 者：董晓霞　支文军
工程规模：建筑面积 4 652m²
设计阶段：方案设计、施工图配合
委托单位：青神县住房和城乡建设局

建成图

北侧公园入口管理建筑

建成图

公园小型活动中心

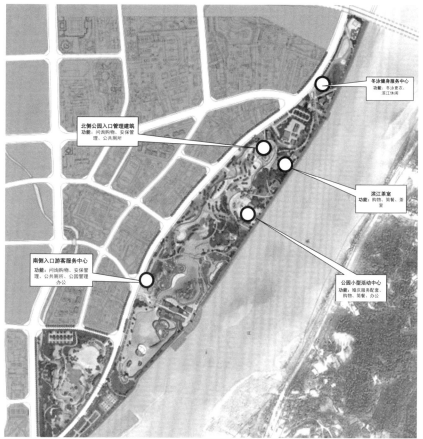

冬泳健身服务中心
功能：冬泳更衣、
滨江休闲

北侧公园入口管理建筑
功能：问询购物、安保管
理、公共厕所

滨江茶室
功能：购物、简餐、茶
室

南侧入口游客服务中心
功能：问询购物、安保管
理、公共厕所、公园管理
办公

公园小型活动中心
功能：婚庆服务配套、
购物、简餐、办公

总平面图

公园小型活动中心

滨江茶室

北侧公园入口管理建筑

冬泳健身服务中心

南侧入口游客服务中心

苏州河南岸黄浦区段公共空间
THE SOUTH BANK OF SUZHOU RIVERSIDE PUBLIC SPACE IN HUANGPU DISTRICT, TAICANG

　　苏州河黄浦段作为上海的母亲河和上海近代城市兴起的原点，是这座城市的百年发展史的缩影，我们提出"上海辰光，风情长卷"的总体定位，旨在使苏州河黄浦段成为具有历史底蕴，完善功能和城市活力的独特水岸空间，将滨水体育，水岸休闲，绿色生态，艺术文化等要素镶嵌其中，同时利用色彩丰富的马赛克铺装为主题线索，塑造一条　"典雅精致"的、"有内容、有记忆、有活力"的三公里"海派风情博览带"。

　　建立在场地挖掘基础上的滨水景观设计，继承了原有岸线既有的历史、人文和生态资源，同时与南侧城市腹地空间综合考虑，形成各有特色的三个段落，分别展现了上海的城市风情、市井百态以及生活日常，在历史遗迹激活再生、基础设施景观化改造等方面做出有益的探索。东段利用了原吴淞路闸桥桥墩、划船俱乐部、绿化道班房、中石化加油站等既有历史遗存、基础设施和功能用房，打造成为最美加油站、樱花谷、介亭等一系列公共活动空间，提供了观水、亲水的全新视角，突破了加油站等市政设施原有的功能模式，同时为游客、市民以及市政工作人员提供更为便利的公共服务。中段滨河腹地狭小，改造重点关注改善水岸空间的亲水感受，同时挖掘自身和相邻地块的公共活动空间。西段改造依托已经形成的水岸休闲功能和活动格局进行提升改造，通过防汛墙后退和多级挡墙的形式形成亲水性，进一步强化岸线的休闲生活气息。整个序列结尾处的九子公园，同样由同名城市公园改造而成，以九种上海特色的弄堂游戏为主题，遵循原有的功能和使用习惯，将滨水空间的马赛克色彩线索引入，提升原有功能用房，形成空间结构一体的混凝土折板建筑——纸鸢屋和融综合服务、指示、休憩功能为一体的亭厕。

设 计 者：章明　张姿　王绪男　丁纯　丁阔　刘炳瑞　张林琦　郭璐炜
工程规模：总景观面积约 56 000m²
设计阶段：方案设计、初步设计、施工图设计、景观设计
委托单位：上海市黄浦区绿化管理所、上海市黄浦区市政工程管理所

九子公园鸟瞰

日景鸟瞰

日景平视

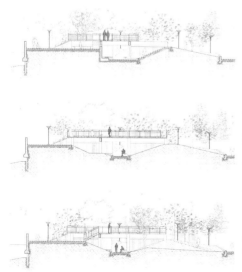

樱花谷剖面图

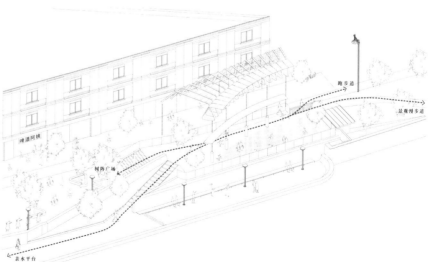

飞鸟亭爆炸图

当代乡村景观的多维体验——浦东新区海沈村乡村景观建筑设计

MULTI-DIMENSIONAL EXPERIENCE OF CONTEMPORARY RURAL LANDSCAPE-HAISHEN VILLAGE RURAL LANDSCAPE ARCHITECTURE DESIGN OF PUDONG NEW AREA,SHANGHAI

项目基址位于"中国美丽休闲乡村"——上海市浦东新区惠南镇海沈村。近年来,海沈村在美丽乡村建设中融入体育休闲运动的主题,将自行车、徒步、跑步等体育活动与乡村观光相结合,大力发展乡村生态旅游。

常青院士带领海沈村乡村振兴规划团队先后完成了海沈村稻田景观提升、步行桥、农业学大寨等设计。设计因地制宜,致力于提升乡村景观风貌,改善乡村环境、充分展示乡村风光。已经建成的几处景观建筑紧扣乡村特质及其产业优势,通过重塑水网结构、增加田间栈道等措施,充分彰显海沈村内稻田广袤、水网密布的独特风貌,激活村落社会吸引力。单体景观建筑的设计基于乡村的文化地景,在造型、体量、用材等方面均使用乡土要素,以凸显乡村朴实的生命力。

改造以振兴乡村、充分凸显乡村风貌为指导原则,改造后基本达到"以文化景观为抓手,形成产业布局、活动体验与建成环境联动"的设计概念,致力于为乡村创造源于当地文化与地景特色的空间美学,也为休闲乡村在地性的定制改造提供参考。

设 计 者: 常青　王红军　吴雨航
工程规模: 基地面积 318 hm² 　建筑面积 5 060m²
设计阶段: 施工图设计
委托单位: 上海市浦东新区惠南镇人民政府

稻田栈道

农业学大寨餐厅效果图

景观桥透视图　　　　　农业学大寨前台效果图

景观桥透视图

上海之鱼移动驿站（一期）

MOVABLE PAVILLION OF PHASE ONE IN FISH OF SHANGHAI, SHANGHAI

上海之鱼作为奉贤新城的城市客厅，拥有荟萃艺术中心、博物馆、城市规划馆等文化地标，与万亩城市森林相交融，阐释着"公园＋"城市的发展理念。上海之鱼移动驿站则以"观鱼春池鼓枻歌，花开满园游亭榭"为设计理念，旨在推动创新、文化与生态多空间融合，将上海之鱼打造为"民之乐园"。移动驿站群采用"日晷"式向心放射状布置，一期分为 A、B 两类。A 类驿站 8 个，以中国传统"鲁班锁"为理念设计，作为构筑物承担着补充公园配套设施的作用，包含休闲座椅、观景平台、茶室、儿童游乐、艺术家工作室、母婴室、卫生间等功能；B 类驿站 7 个，为标志性构筑物，"梨花亭""戏鱼廊""飞鱼椽""观鱼阶""伴月廊""三友斋""菊华盖"分别布局于公园重要空间节点处，以多元丰富的形态，呈现百花齐放之姿。

15 个驿站结合日晷的结构与十字水街的场地特色进行总体布局，呈几何放射状分布。两种驿站互相映衬，丰富公园的使用功能，同时增添了公园的魅力和生机，与周围景观共同构成了"动静相宜、开放活力"的中央活力区。

设 计 者：李振宇　成立　邓丰　董正蒙　宋健健　王达仁　朱琳　米兰　李宁聪颖 等
工程规模：建筑面积 2 201m²
设计阶段：方案设计
委托单位：上海奉贤新城建设发展有限公司

整体鸟瞰照片

A 类驿站现场照片

B 类驿站现场照片

B 类驿站现场照片

B 类驿站现场照片

长宁县双河镇古街纪念广场景观设计
LANDSCAPE DESIGN OF MEMORIAL SQUARE IN SHUANGHE ANCIENT TOWN, CHANGNING COUNTY, SICHUAN

2019 年 6 月 17 日，长宁县发生 6.0 级地震。纪念广场以"同舟共济、砥砺前行"为主题，通过景观设计记录灾害发生过程，集中展现双河人民在灾难面前体现出的不屈和团结精神。

广场位于双河古镇老街一角。广场部分再现强震给双河古镇带来的巨大破坏。广场的地面空间采用极具张力的曲折线型模拟地震波形态，无规则的块面铺地体现地震废墟意向，黑色卵石铺地代表地震后产生的地面裂隙。广场上隆起的矮墙，则模拟地震巨大破坏下产生的严重错位，同时利用这些错位矮墙自然形成了广场的坐具。

广场之上是一艘船形廊架，寓意"同舟共济，共克时艰"。廊架内部一侧是座椅，是遮阳、遮雨的休息设施；另一侧是变化丰富的几何坡面，儿童在其上可以自由玩耍。廊架中部悬挂特色"福"字装饰，夜晚当灯光亮起，可在地面呈现"福"字的光影，形成一处别致的祈福场所。

纪念广场是双河人民共济进取、灾后重建的标志纪念地，置身于纪念广场中，人们可从各个空间细节感受到地震的破坏力，而一艘代表同舟共济的船形廊架又寓意着"希望"，它随古镇而来，也护佑古镇人民安康前行。

设 计 者：陆曦　贾林箊　詹家伟　王丽　孙颖　应佳　谢俊　陈海华
工程规模：建筑面积 397m²
设计阶段：方案设计、初步设计、施工图设计
委托单位：长宁县自然资源和规划局

整体效果图

效果图

宁波文创港核心区启动地块：甬仓舞台广场景观
STARTUP PLOT IN THE CORE AREA OF NINGBO CULTURAL AND CREATIVE PORT. LANDSCAPE OF YONGCANG STAGE PLAZA, ZHEJIANG

　　甬仓舞台是宁波港埠三区2号仓库保留改建后的文化建筑，是宁波港埠三区和老北站区域功能置换后保留下来的工业遗迹，承载着宁波重要的工业和港口物流场所记忆。其广场位于建筑南侧，既为甬仓舞台建筑提供良好的观景视点，又是户外文化和商业娱乐活动的举办场地。作为多功能广场设计，中央旱喷泉在不举办活动时成为与人互动的景观，南侧看台为活动举办时的观众看台。看台顶端与跨街步行桥的楼梯连接，垂直交通空间与景观空间巧妙融合。

设 计 者：陆曦　陈海华　詹家伟　孙颖　张丙德　王丽　叶晓婷　谢俊　应佳
工程规模：占地面积 8 422m²
设计阶段：方案设计、施工图设计
委托单位：宁波文创港环球产城发展有限公司

总平面图

楼梯效果图

次入口效果图

广场鸟瞰图

旱喷泉效果图

华东师范大学闵行校区樱桃河滨岸改造及慢行步道建设（二期）
CHERRY RIVER COASTAL RECONSTRUCTION AND SLOW MOVING SYSTEM SECOND PHASE DESIGN , SHANGHAI

　　本项目位于华东师范大学闵行校区，景观改造的目标是通过整体景观环境规划，创造轻松、愉悦、自然的校园生活模式，促进人与人、人与环境的交流与互动。设计范围以校内樱桃河沿岸景观改造为核心，建设校园的慢行系统，重点打造公交站和三处亲水平台等景观节点。

　　以基地的人文传统和生态系统调研为基础，结合校园师生慢行健身运动功能的需求，引入校园情感的记忆点，打造整体校园活力绿带。串联校园漫步、器械健身、跑步、休憩、交流等综合慢行系统，形成集健身、娱乐、公共活动于一体的多样化空间。拓展公交站的功能，置入展示空间和共享休憩等空间，室内外连通，形成校园全新的人气核心。

设 计 者：边克举　李欢璐　李岩
工程规模：占地面积 1.36 hm²
设计阶段：方案设计、扩初设计、施工图设计
委托单位：华东师范大学

公交站透视图

节点透视图

休憩建筑鸟瞰图

步道透视图

休憩建筑室内透视图

休憩建筑透视图

安徽艺术学院·听雨轩
RAINING-HEARING PAVILION OF AUA, ANHUI

　　"井"在传统村落中既是日常生活的载体，也是公共交流的媒介。听雨轩遵循校园"新徽派艺术聚落"的主题，依托校园中保留的百年老井，表达现代与传统、人与自然和谐共处的愿景。

　　将校园挖湖的土方堆叠在古井东侧空地，不到10米高的"山丘"塑造出新的地形气质。结合老井设置"古井亭"和"观山廊"，建筑高度被刻意压低，水平而舒展，亭山相依。几片墙体围合形成朝山丘开放的场所，其中北侧墙体插入山丘中，拉结着建筑与山的关系，并将人引向登山小径。

　　两片内坡屋顶空开30厘米形成窄缝，既是光缝也是雨缝。在多雨的南方，雨水沿屋顶滴水落下形成雨帘，顺着地上的线性水槽，汇集到古井周边。围井而建的内向天井建筑，是空间和视觉的收尾，传达出徽派建筑中"四水归堂"的意向，也让古井具有了一种仪式感。

　　在这里，人的听觉和视觉感知被调动起来，体验着人与传统、自然——光线、风雨、山丘与植被——的关系，以一种新的方式回击当代社会中人与传统的隔阂及人对自然的漠然。

设 计 者：陈强　叶雯
工程规模：建筑面积 137m²
设计阶段：建成
委托单位：安徽艺术学院

鸟瞰图

总平面图

晴天

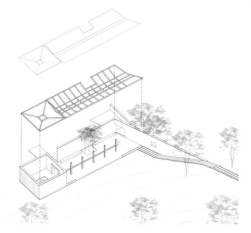

轴测分解图

雨天

宁波文创港 Indigo 酒店景观
VIEW OF INDIGO HOTEL, NINGBO CULTURAL AND CREATIVE PORT, ZHEJIANG

  项目为宁波文创港 Indigo 酒店地面景观设计，包括酒店入口、大堂内庭院、屋顶花园前区、无功能门厅前场、后勤区和商店前场。景观设计面积 4 478 平方米。酒店所在的宁波文创港早年曾是宁波重要的工业港口和货站码头，是宁波港由内河港向海港转变的重要过渡区域。设计紧扣"港口"主题，人们在酒店入口处听闻潺潺流水声，获得初步体验；进入大堂，寓意集装箱货船入港的大堂内庭院景观展现眼前；采用狼尾草、芒草等观赏草以及槽纹石材、石笼墙等营造后工业景观氛围，同时又以细腻景致体现了酒店品质；整个通行空间弯曲柔和、似甬江水流贯穿、串联景观和功能节点。

设 计 者：贾林笳 陆曦 詹家伟 陈海华 应佳 王丽 谢俊 孙颖 叶晓婷
工程规模：占地面积 4 478m²
设计阶段：方案设计、施工图设计
委托单位：宁波文创港环球产城发展有限公司

鸟瞰图

寓意货轮进港口的景墙

酒店入口

入口广场水景

屋顶花园前区层层递进的空间感受

大堂内庭院

市容环境整治工程·平凉路

THE STREET RENOVATION OF PINGLIANG ROAD, SHANGHAI

　　项目位于杨浦区南部的重要交通干道平凉路，本次改造长度 3500 米，改造内容包含人行道铺装、绿化景观、沿线设施、景观照明、沿线建筑等各项内容，其中绿化景观包含隔离绿带、街角绿地、人行道绿地等，占地约 5360 平方米。

　　改造以上海市美丽街区建设为依据，结合平凉路历史和发展趋势，突出区域特色，总体定位为"回味历史风情、展望新绿生活的示范街道"。

　　项目构建了平凉路林荫大道与微公园体系，形成"一带十九点"的绿化结构。其中"一带"由现状法桐行道树和人非隔离花箱护栏组成，形成上下两个层次绿化结构，构成一个丰富多姿、柔性有序的林荫大道。

　　"十九点"包括平凉路沿线人行道绿带及街角绿地，通过对绿地的品质提升、开放式改造等，形成展示形象、激发活力的街头微公园体系。同时，针对平凉路沿街界面的不同性质特征进行分类改造，包括：临时围墙装饰、动迁界面改造、建筑粉刷修补、单位围墙透绿、临街底商界面整改、宣传栏整改等，做到沿街界面特色化、人性化、精致化，打造最具上海生活风韵的街道形象。

设 计 者：李瑞冬　廖晓娟
工程规模：道路总长度 3 500m，绿地面积约 5 360m²
设计阶段：方案设计、施工图设计
委托单位：上海市杨浦区绿化管理事务中心

平凉路道路隔离带与隔离护栏改造前后对比

沪东工人文化宫景墙改造前后对比

百联滨江绿地改造前后对比

兰州路加油站前绿地改造前后对比

大连路平凉路路口绿地改造前后对比

兰州路至眉州路人行道绿地改造前后对比

改造前　改造后

老年公寓前绿地改造前后对比

平凉路临时围墙装饰：宣传标语墙改造前后对比

平凉路动迁界面装饰改造前后对比

平凉路保留建筑改造前后对比

平凉路单位围墙透绿改造前后对比

平凉路店招改造前后对比

平凉路街具设施改造改造前后对比

市容环境整治工程·政民路大学路街区
THE STREET RENOVATION OF ZHENGMIN ROAD AND ITS ADJACENT ROADS, SHANGHAI

项目实施范围包括政民路、大学路和二者相交的四条道路（智星路、锦嘉路、锦创路、锦年路）。道路所在区域为杨浦创智天地园区，紧邻五角场，周边以居住、生活服务、绿地功能为主，是杨浦创智精品社区的核心地段，也是沪北区域最精品的网红街区。设计目标为梳理提升街区公共景观，打造花意浓厚、精致时尚、共创共享、辐射全市的精品街区。

大学路改造提升，在店招立面、人行铺装良好的基础上，提升绿化带、外摆区、设施带三项内容。改造思路为空间疏朗化、元素精致化、设施舒适化，包括绿化带疏解郁闭行道树、提升绿化品质；外摆区通过引导管控，提升特色和景观性；设施带改变停车功能为休憩功能，提升街道形象和通行体验感。

政民路改造提升分为绿化、立面、底面三大内容，其中绿化改造包括两层绿（行道树＋人行道绿化）；立面包括沿路店招，小区围栏；底面包括人行道及门店前路面铺装、围栏设施。绿化总体上强调功能形式多样化、细部精致化、植物丰富化；立面包括沿路店招精品化改造和小区围栏增绿添彩；底面及设施改造主要对现状地面进行整体平整和翻铺，统一替换为仿石砖铺装；对围栏设施采取减量化处理，去除绿化围栏，增加特色标识街具。

设 计 者：李瑞冬　廖晓娟
工程规模：道路总长度 1 576m
设计阶段：方案设计、施工图设计
委托单位：上海市杨浦区绿化管理事务中心

店招立面改造效果图

沿街住宅入户口现状照片与改造效果图　　　　　　　街头游园现状照片与改造效果图

沿街立面 A 现状照片与改造效果图

沿街立面 B 现状照片与改造效果图

街头绿地现状照片与改造效果图

滨河绿地现状照片与改造效果图

同济大学南楼智慧教室二期室内设计
INTERIOR DESIGN FOR CLASSROOMS OF SOUTH BUILDING, TONGJI UNIVERSITY, SHANGHAI

同济大学教学南楼位于四平路校区，智慧教室二期建设涉及1层至3层的教室、教师休息室和公共空间改造。设计吸取了一期改造的经验，在教室布局、材料选择、照明设计等方面继续探索，体现求实、简洁、大气的特色，同时尽量保留和恢复具有历史价值的元素，努力延续其原有的风貌。

设 计 者：陈易　王萌　傅宇昕　张冬卿　方景等
工程规模：建筑面积约 7 500m²
设计阶段：方案设计、施工图设计
委托单位：同济大学

教室室内实景

南楼门厅实景

南楼走廊实景

教师休息室室内实景

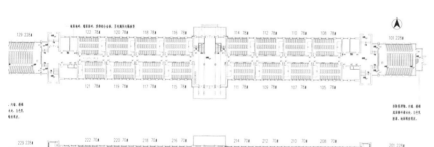

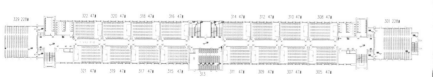

南楼一、二、三层平面图

教室室内实景

同济大学瑞安楼智慧教室二期室内设计
INTERIOR DESIGN FOR LECTURE HALL OF RUIAN BUILDING, SHANGHAI

　　同济大学瑞安楼位于四平路校区，智慧教室二期建设涉及阶梯教室二和阶梯教室四的改造。设计中吸取了瑞安楼智慧教室一期改造的经验，在教室布局、材料选择、照明设计等方面继续探索，体现现代、简洁、大气的特点。

设 计 者：陈易　聂大为　张子涵　方景　郭长昭　谢啸天　杨佳澎等
工程规模：建筑面积约 440m²
设计阶段：方案设计、施工图设计
委托单位：同济大学

阶梯教室二室内实景

阶梯教室四室内实景

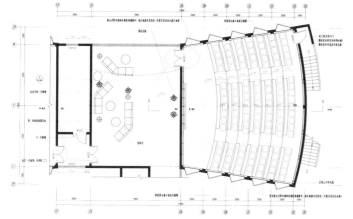

阶二教室及其进厅平面图

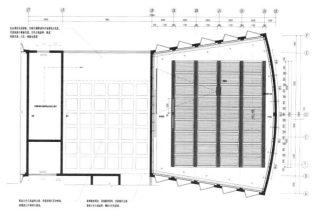

阶四教室及其进厅顶面图

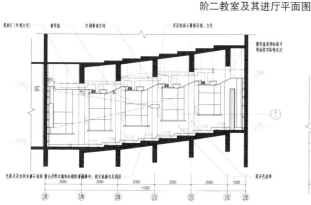

阶二教室剖面图

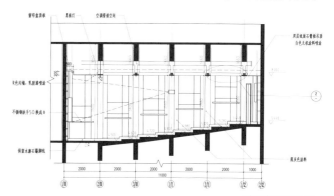

阶四教室剖面图

上海期智研究院室内装修项目
SHANGHAI INSTITUTE OF TERMINOLOGY INTERIOR DECORATION PROJECT, SHANGHAI

　　上海期智研究院室内装修项目位于上海市西岸国际人工智能中心40–41层,是2018年世界人工智能大会的所在地,滨临黄浦江,沿江景观尤佳,可遥望陆家嘴中心。

　　塔楼的标准层平面为不规则的五边形,为契合研究院团队年经活跃的研究学习气氛,设计把平面分成四大版块,包括接待区、CSPI 及 CS 办公区、会议讨论区和辅助功能区。

　　为了更好地利用塔楼的外部景观,设计将 CSPI 独立办公室及 CS 开放办公区组团化,在组团之间结合讨论休息区,留出可供大家观赏外部景观的区域;会议区集中设置于楼层平面右侧,与办公区动静结合。除常规办公空间以外,还设置了许多相对独立的空间,供师生专注思考时使用。接待前厅、院长办公区设置于楼层景观最佳区域,并在院长办公区与院士办公之间设计高层洽谈区,配合水吧设置,营造高层头脑风暴区。整个平面简洁、高效,在满足功能的基础上,空间形式流畅,整体风格明快简洁,充满活力。

设 计 者：黄一如　方少卿
工程规模：建筑面积 4 400m²
设计阶段：方案设计、初步设计、施工图设计
委托单位：上海龙华航空发展建设有限公司

室内透视图

室内透视图

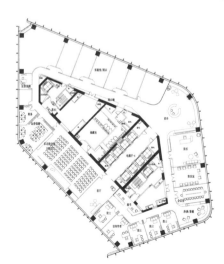

40 层平面图

41 层平面图